手绘
课堂

高分应考
快题设计表现

工业设计

李敏 编著

机械工业出版社
CHINA MACHINE PRESS

本书是兼具实用性、高效性、便捷性的设计类备考书籍，能够为目前正在日夜备战工业设计考研的读者们指出明确且清晰的方向，同时阐明阅卷老师评判高分的标准，帮助读者快速进入考试状态，在规定时间内完成快题设计图稿。本书共分为5章，包括快题设计备考基础、快题设计表现技巧、快题创意设计思维、快题设计表现方法以及优秀快题作品解析。书中内容逻辑清晰，精选的配图和具有针对性的图解会更便于备考读者阅读学习。

本书适用于各大中专院校备考工业设计专业研究生入学考试与分专业考试的读者，也可作为工业设计企业选拔人才、入职培训的教程，还可作为工业设计师日常工作的参考。

图书在版编目（CIP）数据

高分应考快题设计表现. 工业设计/李敏编著. —北京：机械工业出版社，2024.3

（手绘课堂）

ISBN 978-7-111-75403-9

Ⅰ.①高…　Ⅱ.①李…　Ⅲ.①工业设计—研究生—入学考试—自学参考资料　Ⅳ.①TU②TB47

中国国家版本馆CIP数据核字（2024）第058078号

机械工业出版社（北京市百万庄大街22号　邮政编码100037）

策划编辑：宋晓磊　　　　　　　　责任编辑：宋晓磊　李宣敏
责任校对：韩佳欣　张亚楠　　　　封面设计：鞠　杨
责任印制：刘　媛
北京中科印刷有限公司印刷
2024年5月第1版第1次印刷
184mm×260mm·8.75印张·225千字
标准书号：ISBN 978-7-111-75403-9
定价：59.00元

电话服务　　　　　　　　　网络服务
客服电话：010-88361066　　机　工　官　网：www.cmpbook.com
　　　　　010-88379833　　机　工　官　博：weibo.com/cmp1952
　　　　　010-68326294　　金　书　网：www.golden-book.com
封底无防伪标均为盗版　　机工教育服务网：www.cmpedu.com

前　言

工业设计是艺术、技术、经济三者相结合的产物，要表现深刻的设计理念，工业设计师应当具备全面的能力，包括视觉思维能力、想象创造能力、绘图表达能力等。这些能力可以让设计师熟练表现设计意图，以及编写言简意赅的书面设计说明等。

目前，参与工业设计考研的人越来越多，而快题设计是工业设计考研中非常重要的组成部分，是对工业设计考生综合设计能力的考核。快题设计既要求幅面内容丰富，又要求能简单、明了地表达出设计意图，使阅卷老师能够迅速了解产品的各项功能与使用价值。其目的在于考核考生手绘表达能力和择优深化设计方案的能力。

快题设计可以全面展示工业设计的思路和意图，而手绘能力直接关乎快题设计图稿的质量。快题设计还是设计类学生出国留学必须具备的一项基本技能，也是考核设计工作者基本专业素质和能力的重要手段之一。目前，在各大高校工业设计类专业研究生入学考试与设计企业入职测试中都有这一项考核内容。

本书专为工业设计研究生入学考试备考编写，书中内容精辟，图解细致，所涵盖的设计内容也十分丰富，主要包括以下内容。

1. 快题设计备考基础

主要讲解快题设计的作用、技法、考题类型、绘制技巧、绘制注意事项等，对于工业设计考研所涉及的院校和评分标准也做了细致讲解，同时还讲解了如何规划备考计划，选择哪些参考资料会更易于获取高分等。

2. 快题设计表现技巧

包括运笔方法、线条表达、经典配色方法、着色技巧、单体训练以及线稿解析（线条的应用）等内容。

3. 快题创意设计思维

包括具有创意的设计方法、快题图稿版式构图、快题表现要素、重点注意事项以及快题解析（设计要素表现）等内容。其中快题表现要素主要包括标题、设计分析故事板、效果图、备选方案图、细节图、使用场景、配色、产品爆炸图与三视图、设计说明、其他辅助元素等。

4. 快题设计表现方法

主要以不同产品的快题表现图稿为例，逐步解析快题设计表现的高分秘诀。

5. 优秀快题作品解析

通过赏析单幅快题设计作品，指出优秀作品中的设计细节与表现技巧，通过引线解文的方式讲解快题设计精髓。其内容所涉及的产品类型丰富，基本覆盖所有考题类型。

通过这些内容，可以更深入地探讨、分析、研究工业产品未来的设计方向，也能在科学的层面上进一步地强化工业产品功能，同时也能全面、深入地表达设计寓意，获取更符合设计主题的色彩搭配方案，以及创造出综合性能更强的产品结构。

本书适用于准备参加工业设计考研的考生，也适合工业设计专业的读者和从业人员。希望读者可以通过对本书内容与书中优秀快题图稿的理解，绘制出更具有个人特色的工业设计作品。本书附有设计表现视频，如需观看请加微信 whcdgr，将购书小票与本书拍照后发送至微信即可获取。本书由湖北工业大学工业设计学院李敏老师编著。

编　者

目　录

前言

第1章　快题设计备考基础‥‥001

1.1　初步了解快题设计‥‥‥‥002
1.1.1　快题设计基础‥‥‥‥‥‥002
1.1.2　稳中求快的表现技法‥‥‥003
1.1.3　考题类型‥‥‥‥‥‥‥‥004
1.1.4　学习技巧‥‥‥‥‥‥‥‥007
1.1.5　细节绘制与处理‥‥‥‥‥008

1.2　了解各校考研情况‥‥‥‥010
1.3　用心规划备考计划‥‥‥‥015
1.3.1　做好时间规划‥‥‥‥‥‥015
1.3.2　牢固掌握理论知识‥‥‥‥017
1.3.3　筹备快题作品集‥‥‥‥‥017

1.4　厘清试卷评分标准‥‥‥‥018
1.4.1　评分流程与标准‥‥‥‥‥018
1.4.2　评分依据‥‥‥‥‥‥‥‥019

1.5　收集手绘工具与资料‥‥‥020
1.5.1　深入研究手绘工具‥‥‥‥020
1.5.2　阅读参考书籍‥‥‥‥‥‥021

第2章　快题设计表现技巧‥‥023

2.1　运笔方法‥‥‥‥‥‥‥‥024
2.1.1　平移‥‥‥‥‥‥‥‥‥‥024
2.1.2　直线‥‥‥‥‥‥‥‥‥‥024
2.1.3　点笔‥‥‥‥‥‥‥‥‥‥024
2.1.4　扫笔‥‥‥‥‥‥‥‥‥‥025
2.1.5　斜笔‥‥‥‥‥‥‥‥‥‥025
2.1.6　蹭笔‥‥‥‥‥‥‥‥‥‥026
2.1.7　重笔‥‥‥‥‥‥‥‥‥‥026
2.1.8　点白‥‥‥‥‥‥‥‥‥‥026

2.2　线条表达‥‥‥‥‥‥‥‥027
2.2.1　线是运笔的根本‥‥‥‥‥027
2.2.2　了解多变的线条‥‥‥‥‥029

2.2.3　立体形态线条‥‥‥‥‥‥030
2.2.4　反复锤炼线条质感‥‥‥‥031

2.3　经典配色方法‥‥‥‥‥‥032
2.3.1　配色法则‥‥‥‥‥‥‥‥032
2.3.2　制作配色方案‥‥‥‥‥‥034
2.3.3　马克笔配色‥‥‥‥‥‥‥037

2.4　着色技巧‥‥‥‥‥‥‥‥038
2.4.1　熟悉着色工具‥‥‥‥‥‥038
2.4.2　掌握着色技法要点‥‥‥‥040
2.4.3　着色注意事项‥‥‥‥‥‥041

2.5　单体训练‥‥‥‥‥‥‥‥044
2.5.1　单体图稿绘制步骤‥‥‥‥044
2.5.2　在临摹中积累经验‥‥‥‥045
2.5.3　提升单体训练技巧‥‥‥‥047

2.6　线稿解析：线条的应用‥‥050
2.6.1　单体线稿‥‥‥‥‥‥‥‥050
2.6.2　分解线稿‥‥‥‥‥‥‥‥052

第3章　快题创意设计思维‥‥055

3.1　具有创意的设计方法‥‥‥056
3.1.1　系统化概念设计‥‥‥‥‥056
3.1.2　从生活中提取设计灵感‥‥058

3.2　版式构图要有条理‥‥‥‥059
3.2.1　版式构图基本要求‥‥‥‥059
3.2.2　常用快题版面布局形式‥‥060

3.3　掌握快题表现要素‥‥‥‥061
3.3.1　标题‥‥‥‥‥‥‥‥‥‥061
3.3.2　设计分析故事板‥‥‥‥‥062
3.3.3　效果图‥‥‥‥‥‥‥‥‥063
3.3.4　备选方案图‥‥‥‥‥‥‥064
3.3.5　细节图‥‥‥‥‥‥‥‥‥065
3.3.6　使用场景‥‥‥‥‥‥‥‥066
3.3.7　配色‥‥‥‥‥‥‥‥‥‥066
3.3.8　产品爆炸图与三视图‥‥‥067
3.3.9　设计说明‥‥‥‥‥‥‥‥068

3.3.10 其他辅助元素 ·············070

3.4 重点注意事项 ·············070
3.4.1 强化快题表现练习 ·········070
3.4.2 合理安排细节 ·············073
3.4.3 保持图面整洁 ·············074

3.5 快题解析: 设计要素表现 ···075
3.5.1 智能除螨仪快题设计 ·······075
3.5.2 扫地机快题设计 ·········076

第4章 快题设计表现方法 ···077

4.1 表现步骤的逻辑 ·········078
4.1.1 线稿绘制主次分明 ·······078
4.1.2 分层次色彩叠加 ·········078

4.2 线稿表现方法解析 ·······080
4.2.1 智能物流小车 ·············080
4.2.2 烤面包机 ···············081
4.2.3 VR眼镜 ·················082
4.2.4 咖啡机 ·················083
4.2.5 投影仪 ·················084
4.2.6 智能手表 ···············085

4.3 着色稿表现方法解析 ·····086
4.3.1 智能定位器 ·············086
4.3.2 无人机 ·················087

4.3.3 智能药箱 ···············088
4.3.4 咖啡机 ·················089
4.3.5 清扫机器人 ·············090
4.3.6 蓝牙音箱 ···············091

4.4 整体表现方法解析 ·······092
4.4.1 智能巡检运维机器人 ·······092
4.4.2 游戏鼠标 ···············093
4.4.3 全自动草坪清洁机 ·········094

第5章 优秀快题作品解析 ···095

5.1 单幅作品设计解析 ·······096
5.1.1 鞋子 ···················096
5.1.2 包 ···················098
5.1.3 家用电器 ···············099
5.1.4 数码产品 ···············101
5.1.5 交通工具 ···············106
5.1.6 灯具 ···················108
5.1.7 施工用具 ···············109
5.1.8 日常生活用品 ·············110

5.2 快题设计作品解析 ·······111

参考文献 ·················134

第1章 快题设计 备考基础

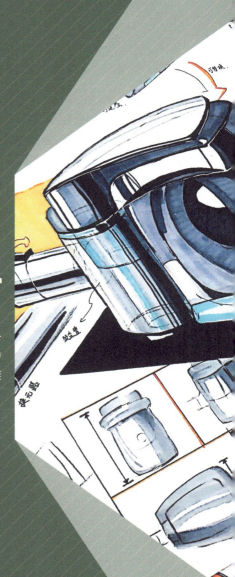

学习难度：★★☆☆☆

重点概念： 快题设计、考研情况、评分标准、备考计划、绘制工具

章节导读： 工业设计快题考试是选拔高层次设计人才的方式，了解各校专业招生情况与评分标准，这样能方便备考。此外，为了在考研中获取比较高的分数，考生必须具备较好的手绘能力和良好的逻辑思维能力，制订出最符合自身的备考计划，确保考试成功。

1.1 初步了解快题设计

快题设计是较有难度的一门考试科目，要求考生在较短时间内，以徒手绘制的方式，将创意思路和设计意图展示在纸质媒介上。其主要包括建筑设计快题、城市规划快题、景观园林快题、室内设计快题、服装设计快题、视觉传达快题、工业产品设计快题等。

1.1.1 快题设计基础

快题设计侧重用手绘技法来表现出设计创意。快题设计不仅用于表现设计的最初形态，同时能将抽象设计转换为具备形态与结构的可视化产品。快题设计受到市场需求、产品概念、人机界面、产品结构、产品技术、产品材料、消费心理等因素影响，绘制一幅优秀的快题设计作品需要长期强化训练（图1-1）。

→优秀快题设计作品的完成必定需要建立具备完整性和逻辑性的设计体系，遵从一定的流程进行设计创作，这样不仅能够快速地表现出产品的设计意图，同时也能加强设计者对产品形态的把控。

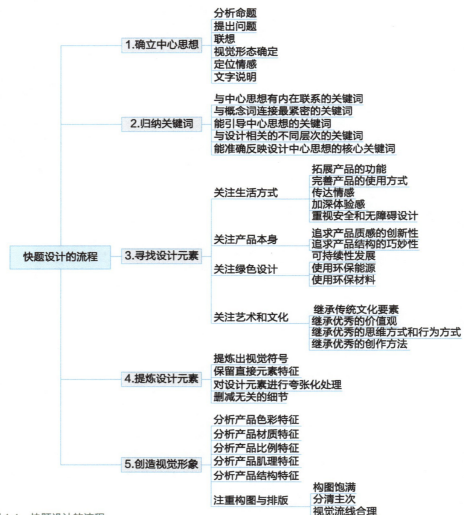

图 1-1 快题设计的流程

1.1.2 稳中求快的表现技法

快题设计是设计者表现产品特征的方式，是传达设计情感的语言工具。它能准确、快速、美观地展示产品特征。

1. 作用

快题表现能够快速、有效地记录产品形象，表达设计创意，能有效提高设计师的专业素养，同时快题表现还能帮助设计者对产品形态进行再次创新，及时记录下设计构思，以手绘表现的方式将产品设计过程展示在公众面前。

2. 技法

快题表现可以通过线描、素描、淡彩等方式来训练技法，在绘制时要注重质感、视角、构图的完整性（图1-2）。

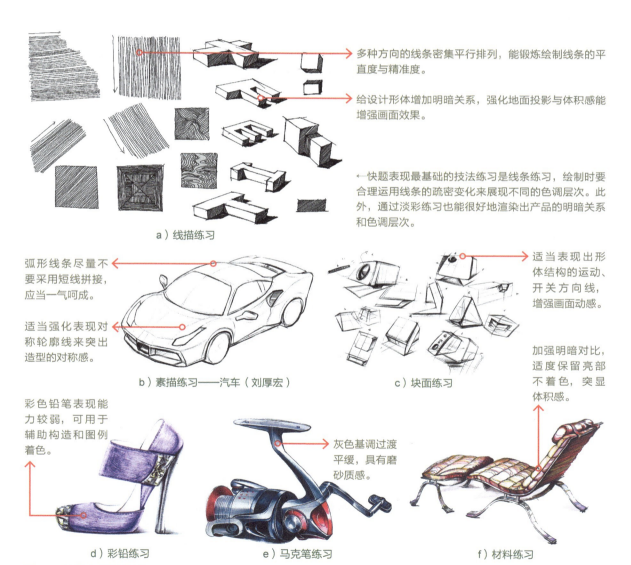

多种方向的线条密集平行排列，能锻炼绘制线条的平直度与精准度。

给设计形体增加明暗关系，强化地面投影与体积感能增强画面效果。

←快题表现最基础的技法练习是线条练习，绘制时要合理运用线条的疏密变化来展现不同的色调层次。此外，通过淡彩练习也能很好地渲染出产品的明暗关系和色调层次。

a）线描练习

弧形线条尽量不要采用短线拼接，应当一气呵成。

适当强化表现对称轮廓线来突出造型的对称感。

b）素描练习——汽车（刘厚宏）

适当表现出形体结构的运动、开关方向线，增强画面动感。

c）块面练习

加强明暗对比，适度保留亮部不着色，突显体积感。

彩色铅笔表现能力较弱，可用于辅助构造和图例着色。

灰色基调过渡平缓，具有磨砂质感。

d）彩铅练习　　　　e）马克笔练习　　　　f）材料练习

图1-2　快题表现的技法练习

3. 原则

快题设计首先应准确表现产品的视觉形态，确保设计对象中的相关信息能被准确传达；其次，要以正确的观察方式，抓住设计重点和表现重点，以最合适的形式表现产品的形态。

快题设计的核心

创意是快题设计的核心，表现过程是一项综合思维过程，设计者通过创意表达，从而深入理解产品的设计思想、设计元素、视觉形象等信息。

1.1.3　考题类型

根据不同院校的考察要求，快题设计的考题类型会有所不同，比较常见的有定向产品命题、形态发散命题、概念引发类命题、情景引发类命题。

1. 定向产品命题

定向产品命题主要是表现产品设计概念，明确产品类型，设计时要对产品类型进行细化，并选择最有把握的产品进行绘制。在正式绘制前要对产品形态、材质、功能等进行分析，注意标题的概括性和趣味性（图1-3）。

"妥膳"简洁、明了，具有较强的概括性和形象性，既点明了该产品的用途，同时也突出了该产品的实用价值。

主题构造具有较强明暗对比关系，对质感的控制比较细腻。

对局部造型进行放大表现，突出功能特征。

通过动漫连环插画的形式来表现该产品的使用方法。

图1-3　快题设计：定向产品命题

设计创意的基础

工业设计创意基础主要包括前提基础、基本基础、重要基础、外部基础。前提基础要求设计者具备良好的心理素质，在设计过程中要时刻保持好奇心、耐心。基本基础要求设计者要具备丰富的理论知识和实践知识。重要基础要求设计者具备观察、思考、积累、记录等工作习惯。外部基础要求设计师能创造出更多创意，并能不断更新和完善这些创意。

2. 形态发散命题

这类考题要求设计者具备较好的发散思维和逆向逻辑思维，能灵活改变产品形态，并创造出新的产品。在绘制过程中，要注意表现产品细节，对产品形体结构进行分割与重新组合，使产品更具设计感和层次感（图1-4）。

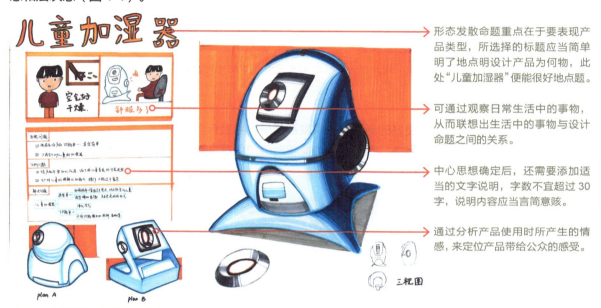

形态发散命题重点在于要表现产品类型，所选择的标题应当简单明了地点明设计产品为何物，此处"儿童加湿器"便能很好地点题。

可通过观察日常生活中的事物，从而联想出生活中的事物与设计命题之间的关系。

中心思想确定后，还需要添加适当的文字说明，字数不宜超过30字，说明内容应当言简意赅。

通过分析产品使用时所产生的情感，来定位产品带给公众的感受。

图1-4　快题设计：形态发散命题

3. 概念引发类命题

这类考题需要设计者具备良好的发散思维，考题难度较大，仅仅是一个抽象的概念。但是这类考题设计的自由度相对较高，设计者可自行发挥的空间很大，所能设计的产品类型也较多。为了能准确表达概念主题，获取高分，在标题选择上应当更具有指向性（图1-5）。

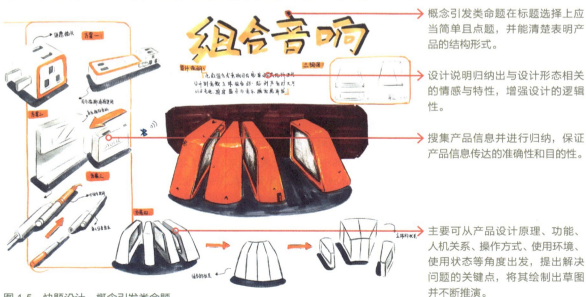

概念引发类命题在标题选择上应当简单且点题，并能清楚表明产品的结构形式。

设计说明归纳出与设计形态相关的情感与特性，增强设计的逻辑性。

搜集产品信息并进行归纳，保证产品信息传达的准确性和目的性。

主要可从产品设计原理、功能、人机关系、操作方式、使用环境、使用状态等角度出发，提出解决问题的关键点，将其绘制出草图并不断推演。

图1-5　快题设计：概念引发类命题

工业产品设计阶段

工业产品设计阶段主要包括调研阶段、构思阶段、展开阶段、深入阶段、完成阶段。

1. 调研阶段。进行市场调研，分析市场，确定产品的使用人群和使用环境。
2. 构思阶段。采用简单但有概括性的图形来记录产品设计灵感，进行基础绘制。
3. 展开阶段。设计多种不同方案，多向对比，选择可行性强的方案，绘制详图。
4. 深入阶段。表达产品外观形态、内部结构、使用材料、加工工艺等，可绘制爆炸图辅助说明。
5. 完成阶段。设计经过审核后制作模型，不断深化设计。

4. 情景引发类命题

这类考题需要设计者具备良好的创造能力和发散思维，考题包含一定情景，设计者需要根据这些线索进行产品设计。在绘制过程中，需要设计者能够对情景问题进行深刻分析与思考，能通过情景联想出具有创造性的设计（图1-6）。

情景引发类命题要求设计者在解题过程中能够逆向思考，并注意产品最终形态的表达。绘制过程中要重视图稿的视觉效果，能清晰地展示产品的类型和设计概念。

最终完成稿具有强烈的情景效果，将情景主题形象转换成富有动感的卡通造型，提升产品的亲和力。

在预想过程中，要考虑到产品视觉形态的整体效果以及产品视觉形态的特征。

图1-6 快题设计：情景引发类命题

快题设计视觉效果的展现方式

快题设计表现图稿要想能够获取良好的视觉效果，首先就应当注重图稿整体的视觉关系，其次，便是应当注重产品视觉主题的展示以及产品造型能力的展现。

1. 整体视觉关系。整体视觉关系主要体现在绘制要重点表现产品的细节以及整体与部分结构之间的平衡感，图稿要具备一定的美感，这需要设计者从整体构图、产品细节、标题文字、整体色彩以及相对应的辅助元素着手进行快题设计的具体绘制。

2. 产品视觉主题的展示。可以通过画面跳跃度的变化来使产品视觉主题更鲜明，画面跳跃度则可通过色彩的渐变以及灰度的不同变化来得以实现，且阴影比例的不同以及明暗的对比也会对画面跳跃度产生影响。此外，在绘制时还要注重个别重要元素的表现，既要能够突显设计元素的特色，同时又不能使其过于突兀，以免影响了图面的整体感。

1.1.4 学习技巧

1. 了解配色知识

快题设计图稿绘制要注重配色，这一点一般在快题设计考试中都会直接标明。在日常练习过程中，可以选择不同颜色对产品外观进行着色，这不仅有助于加强设计者对配色的理解，同时也能提升设计师对色彩的感知。

2. 做好分部练习

一份完整的快题设计图稿所包含的内容较多，在日常绘制练习中，可以将其拆解开来，并有针对性地练习。例如，针对标题，可尝试使用不同字号的不同字体进行绘制；针对设计分析背景板，可尝试使用不同的故事表现形式来提出与产品设计相关的问题等。

3. 多临摹

临摹优秀的作品并分析作品中的技法特点，设计者能从中提取精华，并运用到自身作品中来（图 1-7）。

临摹和分析的过程能提高设计者对作品的审美，能认识到自身绘制能力的不足，并能以此为鉴，进一步地完善自身的表现水平。

临摹对象应当比较复杂，尽可能选择结构烦琐的产品，对产品快题设计的组成与色彩对比进行深入研究。

应特别注重产品形体的明暗关系与体积关系。

对产品解剖图与分解形态进行分析，区分内部多种构造形态。

图 1-7 多临摹优秀作品

小贴士

快题手绘类型

设计者通过手绘方式将设计内容展示在二维平面图纸上，快题手绘类型可分为研究型手绘、表现型手绘、艺术型手绘等。

1. 研究型手绘。研究型手绘多用于表现设计者初期的设计灵感，为后期设计方案形成依据，要分清设计主次，明确设计主题，确定材料、色彩、光感、比例、产品结构的逻辑顺序等。

2. 表现型手绘。表现型手绘的设计内容比较丰富，能将设计方案展示给公众看。这类图稿的绘制要求设计者具备较强的手绘能力，且思维逻辑也应当比较严谨，在绘制过程中应当分清主次，注意重点需要表现的产品结构的色彩选择。

3. 艺术型手绘。艺术型手绘注重美感和设计感的体现，对色彩的要求比较高，图稿要能形成良好的视觉效果。这类图稿的绘制要求设计者了解产品配色知识，能控制好光源与阴影之间的比例关系，并重视产品色彩比例。

4. 绘图顺序合理

由于快题设计幅面有限，要使画面在视觉上具备整洁感，就应合理安排绘制顺序，并考虑设计的每一部分所占的比例，以及应当将其放置于图幅的何处。

5. 进行自我分析

自我分析对快题设计而言是很重要的，要多次、反复分析自己所绘制好的作品，从中找出绘制缺陷并进行总结，避免下一次再犯这类错误（图1-8）。

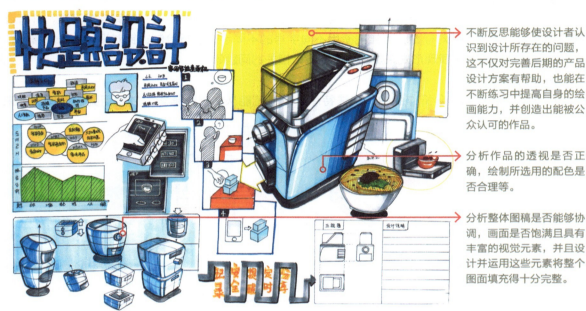

不断反思能够使设计者认识到设计所存在的问题，这不仅对完善后期的产品设计方案有帮助，也能在不断练习中提高自身的绘画能力，并创造出能被公众认可的作品。

分析作品的透视是否正确，绘制所选用的配色是否合理等。

分析整体图稿是否能够协调，画面是否饱满且具有丰富的视觉元素，并且设计并运用这些元素将整个图面填充得十分完整。

图1-8　分析自己绘制的作品

1.1.5　细节绘制与处理

快题设计绘制要求幅面内容丰富，但又能简单、明了地表达出设计意图。

1. 避免空间浪费

控制图稿中画面内容所占的面积比例，可以适当留白，平衡图幅的画面感，合理利用图幅空间，给人美观、舒适的感觉。

2. 设计细节合理

仔细检查产品的设计方案和设计图纸，包括产品的三视图、线稿图、效果图以及相关设计说明等。

3. 体现透视感

选用合理的透视方法，理清产品不同部位的透视关系，重点注意不同方向的光源对产品透视的影响等。

4. 保留设计感

快题设计图稿应具备一定设计感，在完整展示设计方案的同时，还要求能有所创新，能在色彩、质感、图面布置等方面给人耳目一新的感觉。

5. 线条绘制分明

在绘制快题设计图稿时，所绘制的线条应当粗细分明，线条和线条之间的连接应当流畅无断裂，不可有过多的杂线存在于图稿上，在产品细节部位和阴影处所用线条应当具有粗细和深浅之分。

6. 配色舒适

色彩对最终形成的视觉效果具有很大影响，图稿配色除了满足现实情况外，还能清晰表现出产品的质感（图 1-9）。当色彩对比较强烈时，可以考虑适当留白（图 1-10），让画面显得更轻松。

7. 标注准确

标注主要包括文字标注和尺寸标注，快题设计图稿中有设计总说明和设计分部说明，分部说明会用引线标明，总说明会放置于图幅的中心处或右下方等位置。说明文字应当字迹清晰，尺寸标注简要说明即可。

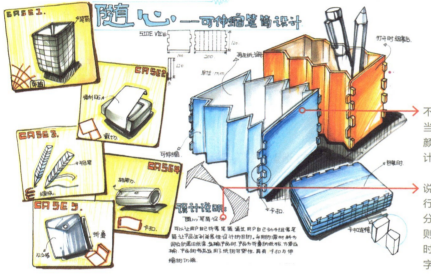

不同色彩在图稿中所占的比例应当合适，一般不使用过于艳丽的颜色，艳丽的色彩会使人忽视设计重点，使幅面稍显杂乱。

说明文字能简明有序地对产品进行解说，且连接说明文字与产品分部的引线也不可过于突出，否则会影响最终的图幅效果。绘制时要注意解说文字与设计说明文字的统一性和协调性。

图 1-9　合理的配色与标注

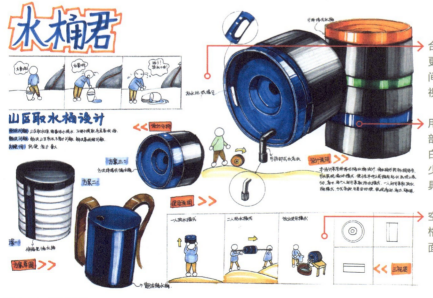

合适的留白面积能够使图稿整体更平衡，对于图稿中不同形象之间的距离也能更好地把控，画面视觉感也会更好。

用深色表现产品的固有色，在亮部高光处保留空白。为了避免留白的突兀，可以在高光表面覆盖少许灰色，让高光变得分散。且具有磨砂亚光效果。

空白面积较大的附图可以采用表格的形式分解，分解后能平衡画面重心。

图 1-10　适当留白

1.2 了解各校考研情况

　　工业设计考研是考验耐心与毅力的过程，考研的目的在于提升自身的设计水平，接触更高层次的设计领域，并能提升职场打拼的综合能力，获取更多的人脉资源，打磨更具现实性和经济价值的设计产品。在考试之前，了解各校的考研情况能够帮助考生更好地选择学校，也能帮助考生更好地应对考试。

　　下面将通过表格的形式介绍美术学院以及各综合类院校的相关考试信息（表1-1～表1-7）。

表1-1　美术学院导航一览

院校名称	院校地点	校徽	专业课一	专业课二
中国美术学院	杭州		专业基础	专业设计（手绘）
中央美术学院	北京		723 造型基础（手绘）	823 专业设计（手绘）
西安美术学院	西安		613 造型基础（色彩、速写）	504 专业方向（手绘）
鲁迅美术学院	沈阳		624 专业设计（手绘）	814 计算机辅助设计
湖北美术学院	武汉		650 设计理论及色彩	521 设计素描
天津美术学院	天津		706 设计基础（手绘）	806 专业设计（手绘）
广州美术学院	广州		707 专业基础（手绘）	503 专业设计（手绘）
四川美术学院	重庆		614 中外设计史论（理论）	509 专业基础（手绘）

小贴士

正确选择考研高校

　　选择考研高校要先清楚认识自身的实力，符合自己本科阶段所学习的专业。每个学校的难度都不同，学校会根据成绩来决定是否录取。对于跨专业报考，一定要预先比较所考专业与原专业的差异，加强考前的专业练习。关注学校所在的城市发展状况，收集学校在该地区的考研竞争人数，如果自身成绩较好，可以自信选择那些排名靠前的学校。毕业后在该城市工作发展的机会，这些都是报考选择的重要因素。

表1-2　江浙沪地区院校导航一览

院校名称	院校地点	校徽	专业课一	专业课二
同济大学	上海		337 专业设计基础（理论）	801 专业设计快题（手绘）
上海交通大学	上海		337 工业设计工程专业设计（理论）	887 工业设计工程专业基础（手绘）
华东理工大学	上海		337 设计史论（理论）	827 设计基础（手绘）
东华大学	上海		337 工业设计工程	852 设计表达（手绘）
上海师范大学	上海		684 艺术设计史论（理论）	871 改良产品设计（手绘）
江南大学	无锡		705 设计理论（理论）	841 综合设计（手绘）
浙江大学	杭州		337 工业设计工程（理论）	503 专业设计（6小时）（手绘）
浙江工业大学	杭州		336 艺术基础（理论）	502 艺术综合（手绘）
浙江理工大学	杭州		913 艺术设计理论（理论）	721 专业设计（手绘）
南京艺术学院	南京		337 工业设计工程／专业设计（手绘）	887 工业设计工程／专业基础（手绘）
南京理工大学	南京		337 工业设计工程（理论）	811 设计基础（设计思维／表现技法／设计素描）
河海大学	南京		337 工业设计史论（纯理论）	894 产品设计（60分手绘，90分理论）
南京林业大学	南京		691 设计理论（理论）	894 产品设计基础（手绘）
中国矿业大学	徐州		337 工业设计概论（理论）	509 专业设计（手绘）
苏州大学	苏州		612 艺术史（理论）	823 绘画基础（色彩命题画）
东南大学	苏州／南京／无锡		337 工业设计工程（理论）	905 设计基础（理论和部分手绘）

表 1-3 京津冀晋地区院校导航一览

院校名称	院校地点	校徽	专业课一	专业课二
清华大学	北京		611 中外工艺美术史及现代设计史基础（理论）	926 专业设计基础（手绘）
北京理工大学	北京		337 设计理论基础（理论）	880 创作（手绘）
北京印刷学院	北京		612 设计理论（理论）	812 设计实践（手绘）
北京邮电大学	北京		618 设计理论与创作	821 设计基础（手绘）
北京工业大学	北京		337 工业设计基础（理论）	502 产品设计（手绘）
北京化工大学	北京		630 艺术设计基础理论	832 设计基础（手绘）
北京科技大学	北京		624 设计理论	618 设计基础（手绘）
北京服装学院	北京		614 专业基础	908 专业设计（手绘）
北方工业大学	北京		337 工业设计工程（理论）	845 设计创意与表现（手绘）
北京林业大学	北京		724 专业理论（理论）	834 设计基础（手绘）
北京交通大学	北京		337 设计概论（理论）	850 设计创意（手绘）
河北工业大学	天津		337 设计理论（理论）	504 专业设计Ⅱ（手绘）
天津理工大学	天津		617 设计史及其理论（理论）	825 专业设计与理论分析（手绘）
天津工业大学	天津		337 工业设计工程（手绘）	851 工业设计史（理论）
燕山大学	秦皇岛		337 设计史论（理论）	502 专业综合（设计基础）（手绘）
太原理工大学	太原		337 工业设计工程（理论）	880 产品设计表达（手绘）

表 1-4 华中地区院校导航一览

院校名称	院校地点	校徽	专业课一	专业课二
武汉理工大学	武汉		337 设计史论（理论）	506 专业设计（6 小时）
华中科技大学	武汉		626 工业设计史论（工业设计史、工业设计概论）	505 工业设计综合（人机工程学、工业设计方法学、命题设计）
武汉纺织大学	武汉		620 设计基础（手绘和理论）	830 设计理论（理论）
湖北工业大学	武汉		337 工业设计工程（理论）	991 工业专业设计（手绘）
湖南大学	长沙		337 工业设计工程（理论）	819 专业设计（手绘）
中南大学	长沙		749 设计史及评论（理论）	851 设计基础（手绘）
中南林业科技大学	长沙		622 设计概论（理论）	823 设计方案（手绘）
郑州轻工业学院	郑州		613 设计史（理论）	822 设计基础（手绘）

表 1-5 华南地区院校导航一览

院校名称	院校地点	校徽	专业课一	专业课二
华南理工大学	广州		337 设计理论（理论）	885 产品综合设计（手绘）
广东工业大学	广州		337 设计基础理论二（理论）	821 设计综合（手绘）
华南师范大学	广州		628 美术史（理论）	849 产品设计（手绘）
华南农业大学	广州		710 设计基础（理论）	868 专业设计（手绘）
福州大学	福州		337 工业设计史（理论）	868 设计概论（理论）
深圳大学	深圳		731 专业造型基础（手绘）	948 专业设计（手绘）
汕头大学	汕头		629 艺术史论（理论）	847 设计创作（手绘）

表 1-6　赣皖鲁渝地区院校导航一览

院校名称	院校地点	校徽	专业课一	专业课二
南昌大学	南昌		337 设计概论（理论）	879 设计基础（手绘）
合肥工业大学	合肥		337 工业设计基础（理论）	855 产品综合设计（手绘）
安徽工程大学	芜湖		612 设计艺术理论（理论）	851 专业设计基础／852 设计史
青岛理工大学	青岛		337 工业设计工程（理论）	820 命题设计手绘图（手绘）
山东建筑大学	济南		766 中外设计简史（理论）	565 工业设计创意表现（手绘）
齐鲁工业大学	济南		337 艺术理论（理论）	837 设计创意（手绘）
四川大学	成都		674 中外工艺美术史及现代设计理论研究（理论）	504 设计表现（手绘）
西南交通大学	成都		337 设计基础（理论）	820 工业设计命题设计（手绘）

表 1-7　东北、西北地区院校导航一览

院校名称	院校地点	校徽	专业课一	专业课二
吉林大学	长春		630 设计理论（理论）	502 专业技法（手绘）
大连理工大学	大连		628 世界现代设计史（理论）	504 命题设计（手绘）
大连工业大学	大连		702 综合艺术理论（理论）	505 专业设计（产品设计手绘）
西安理工大学	西安		337 设计史论（理论）	501 创意设计（产品设计手绘）
陕西科技大学	西安／咸阳		337 工业设计工程基础（理论）	906 工业设计综合（手绘）
西安交通大学	西安		337 工业设计工程（理论）	921 设计能力与经验测试
西安建筑科技大学	西安		337 工业设计工程（理论）	848 3 小时专业设计 Ⅲ（手绘）

1.3 用心规划备考计划

完善且系统的备考计划能够帮助考生快速熟悉考研流程和考研学科知识，同时也能在一定程度上提高考研的通过率，这种逻辑性较强的备考计划需要所有考生重视。

1.3.1 做好时间规划

决定考研之后，应当先了解考研的相关信息，包括考研基础知识，目标院校，目标院校招生简章、考研新大纲等，然后根据自身条件制订合理的学习计划（表1-8、表1-9）。

表1-8 考研时间规划

时间		规划的内容
第一年	1月	确定好考研专业，收集考研相关信息，可适当地听一些免费讲座，加深对考研的认识
	2月	多听一些讲解考研具体形势的讲座，开始制订学习计划
	3月	全面了解报考专业的相关信息，如报考难度、报考分数线以及考试题型等
	4～5月	第一轮复习，不仅要注重基础理论知识的学习，还要增加手绘能力的训练，大量临摹优秀作品，学习正确的快题设计方法，从优秀作品中寻找、总结出模板并进行深化设计
	6月	网上搜索与考研考试大纲有关的资料，适当购买辅导用书，或选择报班学习
	7～8月	第二轮复习，开始刷题，要注重对考题题型的研究，并反复研究错题，争取可以在模拟试卷中获得高分。手绘方面的练习也应当提高难度，可选择历年来的真题进行模拟答题，这样也能加深对产品设计的理解，可选择不同的设计主题进行快题设计绘制
	9月	密切关注各招生单位的招生简章和专业计划，购买有关书籍，了解清楚关于专业课的考试信息，包括考试地点、考试时间等
	10月	第三轮复习，归纳、总结，清楚自身学习情况，并准备报名
	11月	明确现场报名时间，并现场确认报名。继续第三轮复习，这一阶段要加强专业知识的学习和手绘能力方面的训练，要学会举一反三，能够发散性地理解考题，并有足够的信心可以通过考试
	12月	考前整理与考前冲刺，要有较强的心理素质，熟悉考试环境，调整好考试心态，准备初试
第二年	2月	查询初试成绩
	3月	密切关注复试分数线，并制订相应的计划
	4月	调整好心态，联系好招生院校，准备复试
	5月	查询复试成绩，准备迎接未来的研究生生涯

表 1-9　周计划参考表

时间	星期一	星期二	星期三	星期四	星期五	星期六	星期日
周目标：固定完成一定量的快题设计，并学习和记忆设计理论、设计史等知识点							
7:00 ~ 9:00	产品单体练习	应用环境练习	产品单体练习	版面配饰练习	产品单体练习	创意过程图练习	产品单体练习
9:00 ~ 12:00	结构透视练习	故事场景练习	结构透视练习	人物形象练习	结构透视练习	设计说明、标题文字练习	结构透视练习
13:00 ~ 15:00	快题设计临摹	设计理论/设计史	快题设计临摹	设计理论/设计史	快题设计临摹	设计理论/设计史	快题设计临摹
15:00 ~ 18:00	快题设计创作	设计理论/设计史	快题设计创作	设计理论/设计史	快题设计创作	设计理论/设计史	快题设计创作
19:00 ~ 21:00	英语	政治	英语	政治	英语	政治	英语

　　拿到试卷后，应当先按照要求填写相关信息，然后可开始审题。以表 1-10 中的模拟真题为例，此处为概念引发类命题，此设计以"阳光"为主题，可以发散为设计一款晴朗天气下使用的产品，或设计一款无污染的环保产品，或设计一款太阳能产品等，答题时要注意控制好时间，应当规划好每一个板块所需花费的时间。

表 1-10　工业设计快题模拟真题参考

××××年 ×× 大学硕士研究生入学考试试卷				
科目代码		科目名称		满分分值	150 分
题目	请以"阳光"为主题设计一款产品，表现方法不限。			
答题要求	1. 考试时间为 180 分钟 2. 作图题应当概念准确，简明扼要 3. 答题应当一律做在答题纸上，不可做在本试卷上 4 本试卷不可带出考场，违反者做零分处理			

快题设计考试用纸

　　不同学校的快题设计考试所用的纸张不同，例如，同济大学用的是普通的考试用纸，尺寸为 B4 尺寸对折，总共 8 页；北京理工大学用的是 A2 水粉纸，一共 1 张；上海交通大学用的是普通的考试用纸，纸张尺寸为 A3 尺寸，一般为 5 ~ 6 张；江南大学用的是 A2 水粉纸，一共 2 张；浙江大学则用的是 A2 素描纸，一共 5 张等。在快题设计的日常练习中可以选择不会轻易透色的马克笔专用纸或质地较厚的素描纸进行练习。

1.3.2 牢固掌握理论知识

工业设计考研主要可分为创意理论考试与创意设计考试。在复习的过程中，要抓住考试重点，有针对性地进行复习。

1. 创意理论考试

工业设计考研中的创意理论科目主要是指与工业设计相关的基础学科。在复习时应分门别类，并建立逻辑严谨的知识框架，使创意理论课程的相关知识能够形成一个整体。在做题过程中要能理解出题者的出题思路和解题思路，并熟背书中的重点理论知识，可利用空余时间自行默写与考点相关的内容，并加以模拟测试。

2. 创意设计考试

工业设计考研中的创意设计考试主要是指快题设计考试。在复习过程中需要不断练习基础手绘操作，并研究和分析历年真题，学会正确审题，确保能够在考试时创作出一份更具创意且完美的答卷。

1.3.3 筹备快题作品集

筹备快题作品集是为了训练快题手绘能力，为了更好地分析快题作品，帮助考生找准自身的绘制风格，能够在快题考试中脱颖而出（图 1-11、图 1-12）。

←快题作品集能够表现出考生的绘画水平和设计水平，一个优质的作品集也能为考生考研加分不少。

图 1-11　快题作品集包含的内容

←筹备快题作品集之前需要了解当前所流行产品的市场状况，目标用户和潜在用户的需求情况以及竞争对手和产品生产的优势、劣势等，这有助于考生更好地理解考题和绘制更深层次的快题作品。

图 1-12　快题作品集筹备步骤

1.4 厘清试卷评分标准

本节主要讲解快题设计试卷的评分标准，一份优质的快题设计答卷应同时具备可读性、可行性和美观性。可读性指评卷老师能一眼看懂设计为何物；可行性指设计的产品是否能满足公众需要，是否符合考题要求，是否具备现实价值等；美观性是指所设计的产品是否能满足形式美要求，是否能打动评卷老师，是否能在万千答卷中突显出来。

1.4.1 评分流程与标准

各校对于快题设计试卷的评分标准基本一致。评卷分为五轮，第一轮为海选，即全面浏览所有试卷，选择出表现相对较差及备选方案表现能力较差的试卷，将其放入不及格试卷中；第二轮为分档，依据卷面情况将剩下的试卷分为 A、B、C、D 四档；第三轮为细化，将之前分档的试卷再次进行划分，分为上、中、下三个级别，以字母加符号的形式标明，如 A+、A、A- 等；第四轮依旧为分档，是对第一轮的不及格试卷再次划分，只分 E 和 F 档；第五轮为评分，将分好档次的试卷依次评分，分数可有 1 ~ 2 分的差值。通常，80 分以下的将不予录取，具体依据考题和实际情况来定（表 1-11）。

表 1-11　快题设计试卷评分标准

分档	分数	快题卷面情况
A +	145 ~ 150	卷面整洁，产品主题清晰，色彩搭配合理，产品形态绘制详细，产品说明简明扼要，版面视觉效果好等
A	140 ~ 144	卷面整洁，产品主题清晰，色彩搭配合理，产品说明简明扼要等
A -	135 ~ 139	卷面整洁，产品主题清晰，色彩搭配合理，产品说明字迹清晰，内容简洁等
B +	130 ~ 134	卷面整洁，色彩搭配合理，版面有条有理等
B	125 ~ 129	卷面整洁，产品色彩搭配合理，主题阐述正确，版面符合要求等
B -	120 ~ 124	卷面整洁，产品形态和色彩绘制达到要求，各元素间距合理等
C +	115 ~ 119	卷面不凌乱，产品形象与考题要求相符，说明文字符合要求等
C	110 ~ 114	卷面视觉效果一般，色彩搭配合理，产品形象符合考题要求等
C -	105 ~ 109	卷面视觉效果一般，色彩搭配效果一般，产品形象符合考题要求等
D +	100 ~ 104	卷面视觉效果一般，产品形态表现一般，产品形象符合考题要求等
D	95 ~ 99	卷面视觉效果一般，色彩单调，产品形象符合考题要求等
D -	90 ~ 94	卷面视觉效果一般，产品形象一般，基本符合考题要求等
E	80 ~ 89	产品形象与考题无明显关联，说明文字字迹潦草等
F	80 以下	设计内容脱离考题，卷面凌乱等

1.4.2 评分依据

评卷老师在评价一份快题答卷是否能够获得高分时，会从多方面考虑。例如，该快题答卷卷面是否整洁，卷面内容是否能够表现出产品特色，是否能够表现出考生良好的造型能力，是否拥有比较独特的设计创意等。考生必须明白，评卷老师在审核快题答卷时主要看的便是考生的思维能力和造型能力是否能达到要求。

1. 思维能力

未来的工业设计师主要是为商业服务的，设计师必须保证所设计出来的产品能够具有现实意义，即兼具实用价值和经济价值。设计师必须具备超强的逻辑思维能力，能够使设计的产品满足用户的需求。评卷老师在审核快题答卷的过程中，主要通过查看卷面中产品的形态、功能、色彩、整体排版等来考察考生的思维能力，判断考生是否有足够的能力可以充分理解考题的含义，并通过理性分析将其反映在平面图纸上。

2. 造型能力

工业设计师最基本的能力便是能够创造美，这要求产品的色彩和形态都应符合形式美法则，都能创造出比较好的视觉效果。评卷老师通过分析产品的轮廓、色彩方案、效果图、卷面视觉效果等判断考生的综合造型能力，从而给予快题答卷不同的分数（图1-13）。

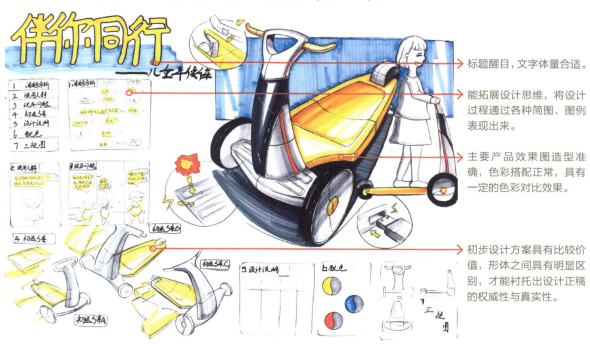

标题醒目，文字体量合适。

能拓展设计思维，将设计过程通过各种简图、图例表现出来。

主要产品效果图造型准确，色彩搭配正常，具有一定的色彩对比效果。

初步设计方案具有比较价值，形体之间具有明显区别，才能衬托出设计正稿的权威性与真实性。

图1-13 快题设计作品

↑主标题和副标题相辅相成，字体统一，字迹和大小符合要求，产品的轮廓绘制也具备形式美感，评卷老师很容易能看出所绘制的产品为何物，唯一不足的便是辅助人物的辅助线没有完全擦除干净，对卷面的视觉效果会有所影响。

小贴士

工业设计考研科目

工业设计考研主要考四门课程，即专业课程一、专业课程二、英语、政治。专业课程一为理论部分即设计史、设计基础、设计理论、工业设计基础、专业理论及设计概论等；专业课程二为工业设计手绘快题表现，主要用于考核设计创意和手绘表现技法的熟练程度。

1.5 收集手绘工具与资料

了解手绘快题设计的相关工具能够帮助考生更灵活运用这些绘制工具，对考研资料的研究也能提升考生的综合水平，对后期的考试很有帮助。

1.5.1 深入研究手绘工具

手绘快题设计所用的工具包括纸类工具、笔类工具等（表 1-12）。

表 1-12 手绘工具一览

类别		图示	特点
纸类工具	普通打印纸		普通打印纸也指复印纸，多用于快题设计线稿绘制，有薄有厚，色彩的穿透度比较高，主要是采用草浆和木浆纤维制作而成，规格有 A0、A1、A2、A4、A5、B1、B2 等
	马克笔专用纸		马克笔的渗透性比较强，使用马克笔进行产品的快题表现时应当选择马克笔专用纸，这类纸张笔触柔和清晰，色彩还原度较好，且色彩不会轻易穿透纸张，实用性比较强
	300g 珠光纸		珠光纸不会出现扩墨现象，但其表面容易被摩擦变色，使用铅笔在其表面绘制时应当轻画轻擦，如使用马克笔在其表面进行着色稿的绘制时，应待底层色彩干透后再在面层上色
	卡纸		卡纸质地较硬，表面比较平滑，色彩不会轻易渗透，挺括感较好。在白卡纸上绘制时要注意处理好扩墨的问题
笔类工具	铅笔		铅笔多用于快题设计线稿绘制，铅笔笔芯的质地从硬到软有不同的硬度等级，其中 2H 和 H 型比较适合绘制底稿。使用铅笔绘制时需注意运笔的方向，作图过程中，运笔应均衡，保持稳定的运笔速度和用力程度，避免划伤纸面，以及难以被绘图笔遮盖或被橡皮擦除的情况出现
	彩铅		彩铅可分为蜡质彩铅和水溶彩铅，前者色彩丰富，拥有比较特别的表现效果，后者很难形成平润的色层，且容易形成色斑。水溶性彩铅应用最广，能均匀排列出线条，可根据需要进行色彩叠加，以达到变化效果；将彩铅线条与适量水相融合，可退晕，获取不同层次感的效果
	马克笔		马克笔可用于快题设计图稿上色，分为油性马克笔、水性马克笔、酒精性马克笔。不同品牌的马克笔有不同的特点，触感和上色的效果也会有所不同

小贴士

快题设计考试用笔

　　快题设计考试应根据自身使用习惯来选择绘制工具，一般需准备勾线用笔和上色用笔。常用的上色工具为彩色马克笔等，绘制底稿可选用合适的铅笔。需要注意的是，在选择马克笔和勾线笔时要确保这两类笔不可互相溶解，多使用油性马克笔，绘制效果会更好。

　　针管笔绘制的线条比较硬朗，多用于表达结构比较清晰、明确，细节比较丰富的产品，如机械类和结构性产品等；彩铅色彩丰富，所绘制的线条更具有表现力，同时画风也会更具自由性和飘逸感，适用于绘制曲线较多的产品；圆珠笔软硬兼具，可以绘制各种风格和形态的产品，但圆珠笔所绘制的线条会和马克笔发生反应，因此为了维持幅面的美观性，使用圆珠笔绘制的线稿不宜使用马克笔上色。

1.5.2　阅读参考书籍

　　阅读与工业设计考研相关的书籍，能够提升考生的理论和专业设计水平，充实的知识储备也能使考生更平静应对考试，并获取优秀的成绩。

1. 参考书籍

　　为了更好地应对工业设计考研，应当熟读专业科目以外的多种理论图书，不断积累相关的理论知识，从而提升自身的设计创意能力与设计说明写作水平。以下推荐一些与工业设计理论相关的图书，以供参考。

　　（1）《设计的秘密：产品设计2》，[美]古德里奇著，中国青年出版社，出版时间为2007年2月，定价为98元。

　　（2）《完美工业设计：从设计思想到关键步骤》，[法]米歇尔·米罗著，机械工业出版社，出版时间为2018年4月，定价为198元。

　　（3）《设计方法与策略：代尔夫特设计指南》，[荷]代尔夫特理工大学工业设计工程学院著，华中科技大学出版社，出版时间为2014年8月，定价为89.9元。

　　（4）《工业设计史》（第5版），何人可主编，高等教育出版社，出版时间为2019年1月，定价为42元。

　　（5）《世界现代设计史》（第2版），王受之著，中国青年出版社，出版时间为2015年12月，定价为120元。

　　（6）《工业设计思想基础》（第2版），李乐山著，中国建筑工业出版社，出版时间为2007年12月，定价为38元。

　　（7）《设计学概论（全新版）》，尹定邦、邵宏主编，湖南科学技术出版社，出版时间为2016年11，定价为48元。

　　（8）《中国工业设计断想》，柳冠中著，江苏凤凰美术出版社，出版时间为2018年2月，定价为78元。

　　（9）《中国民族工业设计100年》，毛溪著，人民美术出版社，出版时间为2015年1月，定价为99.8元。

　　（10）《产品创意设计2》，刘传凯著，中国青年出版社，出版时间为2008年5月，定价为128元。

　　（11）《工业设计看这本就够了（全彩升级版）》，陈根编著，化学工业出版社，出版时间为2019年10月，定价为89元。

2. 相关的考研网站

考生可在百度文库、站酷、搜狐网、新浪网、筑龙网，以及各大院校考研贴吧内寻找所需的资料，还可在相关网站上下载不同院校历年来工业设计考研的试卷，进行模拟测验（图1-14）。

　　　　　a）百度文库　　　　　　　　　　　　　　　　　b）站酷

图 1-14　工业设计考研相关资料网站

小贴士

手绘练习方法

产品手绘表现在近年来趋向创新性和审美性。创新性是指产品形象要结合创造性思维；审美性是指手绘要有良好的构图审美，绘制效果要真实。

1. 注意细节。绘制时，卷面应当保持整洁，产品线条应当流畅无明显断裂点。

2. 打好基础。注意线条的基础练习，在绘制过程中，能使用的线条种类较多，如长直线、短直线、曲线等。此外，为了更好地塑造产品形态，对于圆的绘制也要经常练习，并学会在练习的过程中赋予线条和圆的创新表现方式。

3. 临摹优秀作品。可以选择具有代表性的作品，在临摹过程中要尝试了解设计者的设计意图，深入体会设计者的设计思维，从中寻找到备考模板。

第2章 快题设计表现技巧

学习难度：★★★★☆

重点概念： 运笔、线条、配色、着色、单体训练

章节导读： 快题设计表现要求能表达工业产品的设计特色，了解绘制工具，熟练掌握关于运笔、线条、配色、着色等相关的知识，并不断练习，锤炼自身的手绘能力，从而更好绘制出具有个人特色，且能完整、细致表现工业产品设计理念的快题图稿。此外，使用快题的形式进行工业产品设计的表达，不仅能够有效弱化产品与公众的距离感，也能在一定程度上增强产品的视觉效果。

2.1 运笔方法

快题表现能够将工业产品的设计方案更具象化地展示给公众，能够使工业产品有广泛的认知度，也更具传达性。手绘快题图稿的过程便是重新思考的过程，这对于工业产品的创造而言，也会有很大的益处。运笔讲求起承转合，一幅优秀的快题作品必定有着流畅的运笔轨迹，有技巧的运笔将能获得轮廓感更好、立体感更强的产品形象。

快题图稿的最终呈现需要马克笔来辅助实现，在运用马克笔进行快题图稿着色时，稍有不慎便会出现诸如起笔和收笔的力度过大，导致线形不稳的现象。运笔时，笔头抖动会导致线条出现锯齿断裂痕，或因笔头没有均匀地接触纸面，导致出现线条颜色深浅不一等问题。因此，在考试之前，必须做好马克笔笔触练习，以确保在考试时能灵活且平稳地运笔。

2.1.1 平移

平移是最常用的技法，用马克笔下笔时，要干净利落，将平整的笔端完全与纸面接触，快速、果断地画出笔触；起笔的时候，不能犹豫不决，不能长时间停留在纸面上，否则纸上墨水过多，形成不良效果（图 2-1a）。

2.1.2 直线

用马克笔绘制直线与我们用中性笔绘制直线是一样的，一般用宽头端的侧锋或用细头端来画，下笔和收笔时应当短暂停留，停留时间很短，甚至让人察觉不到，主要目的是形成比较完整的开始和结尾，不会让人感到很随意。由于线条较细，因此这种直线一般用于确定着色边界，但是也要注意，不应将所有着色边缘都用直线来框定，会令人感到僵硬（图 2-1b）。

2.1.3 点笔

点笔主要用来绘制蓬松的物体，如毛质产品等，也可以用于过渡，活泼画面气氛，或用来给大面积着色作点缀。在进行点笔的时候，注意要将笔头完全贴于纸面。点笔时可以作各种提、挑、拖等动作，使点笔的表现技法更丰富。虽然点笔是灵活的，但它也应该具有方向性和完整性。因此，必须控制边缘线和密度的变化，不能随处点笔，以免导致画面凌乱（图 2-1c）。

| a）平移 | b）直线 | c）点笔 |

图 2-1 基础运笔技法
↑基础运笔技法指沿着一个方向绘制，在运笔时要握稳马克笔，绘制时的移动速度要一致，绘制的线条也应当主次分明，有密有疏。

小贴士

不同品牌马克笔的特色

马克笔品牌不同，笔头和笔触也会有所不同，具体介绍如下。

1. 美系。美系犀牛的马克笔拥有混合油性和发泡型笔头，色彩十分饱满，但价格稍贵；美系 aD 的马克笔拥有油性和发泡型笔头，色彩饱满、柔和，价格较犀牛贵；美系霹雳马的马克笔拥有油性和发泡型笔头，色彩柔和，笔头较宽；美系宝客 POP 的马克笔拥有油性和硬笔头，笔头质量一般。

2. 德系。德系 iMark 的马克笔拥有酒精性和纤维型笔头，笔触比较硬朗，灰色系比较丰富；德系天鹅的马克笔拥有油性和纤维型笔头，质量一般；德系法卡勒的马克笔拥有水性和纤维型笔头，绘制效果较好，刷头多适用于大面积涂色。

3. 韩系。韩系 Touch 的马克笔拥有酒精性和硬笔头，绘制的色彩较艳丽，价格稍贵。

2.1.4 扫笔

扫笔是在运笔的同时快速地抬起笔，并加快运笔速度，速度要比摆笔更快且无明显的收笔。注意无明显收笔并不代表草率收笔，应是留下一条长短合适、由深到浅的笔触。扫笔多用于处理画面边缘或需要柔和过渡的部位。如果有明显收尾笔触，就不会画出渐渐收尾的自然效果（图 2-2a、图 2-2b）。

2.1.5 斜笔

斜笔技法用于处理菱形或三角形的着色部位，这种运笔对于初学者很难，在实际运用中也不多。推笔时可以利用调整笔端倾斜度来表现不同的宽度和斜度。这种笔触绘制的两条线只要有交点，便会出现菱角斜推，能使画面更整齐（图 2-2c、图 2-2d）。

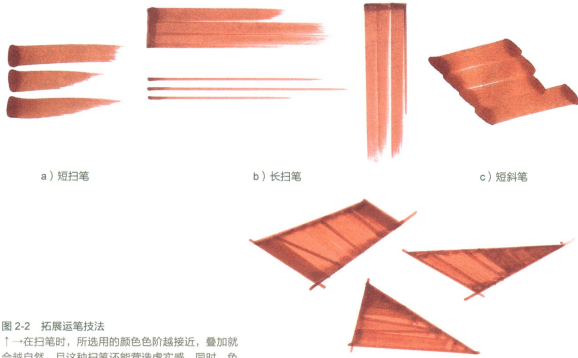

a）短扫笔　　　　　　　　　　b）长扫笔　　　　　　　　　　c）短斜笔

d）长斜笔

图 2-2　拓展运笔技法

↑→在扫笔时，所选用的颜色色阶越接近，叠加就会越自然，且这种扫笔还能营造虚实感，同时，色彩的渐变也能使画面显得更饱满。

2.1.6　蹭笔

　　蹭笔是指用马克笔快速蹭出一个面域。蹭笔适合过渡渐变部位的着色，画面效果会显得更柔和、干净。叠加蹭笔主要是对不同深浅色调的叠加，从而使产品的色彩更丰富，色彩的对比效果也会更明显（图 2-3）。

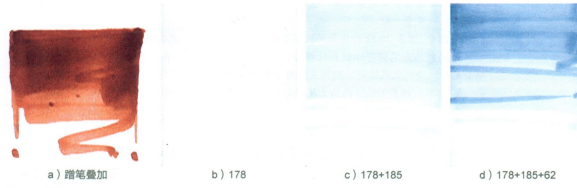

a）蹭笔叠加　　　　　　　　b）178　　　　　　c）178+185　　　　d）178+185+62

图 2-3　蹭笔
↑蹭笔是为了叠加的颜色能够表现出自然的渐变效果，多用于金属、玻璃等高反射率材质的表现。

2.1.7　重笔

　　重笔是用 WG9 号、CG9 号、120 号等深色马克笔来绘制，但是不要大面积使用，仅用于阴影部位。在最后调整阶段适当使用，主要作用是拉开画面层次，使形体更加清晰（图 2-4）。

2.1.8　点白

　　点白工具有涂改液和白色中性笔两种。涂改液用于较大面积点白，白色中性笔用于细节部位点白。点白一般用于受光最多、最亮的部位，如光滑材质、玻璃、灯光、交界线等亮部。如果画面显得很闷，也可以点一些。但是高光提白不是万能的，不宜用太多，否则画面会看起来很脏（图 2-5）。

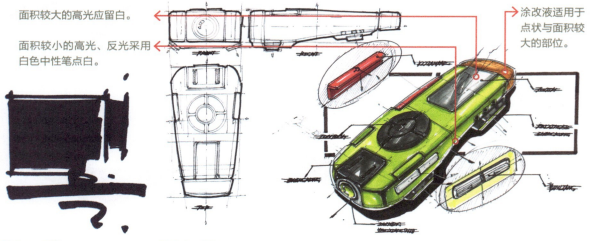

面积较大的高光应留白。

面积较小的高光、反光采用
白色中性笔点白。

涂改液适用于
点状与面积较
大的部位。

图 2-4　重笔
↑较深的颜色能让画面快速形成明度对比，提升画面效果，多用于强化阴影部位。

图 2-5　点白
↑马克笔着色后，在较深区域中会显得有些沉闷，无法反映形体关系与体积感，采用白色中性笔或涂改液涂绘，能加强这些区域的对比度，提升局部造型的体积感与夺目感，让产品整体视觉效果更突出。

小贴士

铅笔和彩铅的表现形式

1. 铅笔的表现形式。铅笔是最普通的绘画工具，使用铅笔绘制出来的线条有深有浅，且轻重不同的笔触绘制出来的线条也会有所不同，在绘制时要根据产品的轮廓选择合适的笔触。

2. 彩色铅笔的表现形式。彩色铅笔色彩丰富，可用于产品着色稿绘制，一般使用彩色铅笔绘制的线条质感比较细腻，且彩色线条也能更好地表现出产品的明暗关系。此外，彩色铅笔的笔触丰富，所绘制的线条因下笔轻重的不同，使线条更优美，更具层次感，图稿的色彩明暗变化和画面视觉效果也更丰富。

图 2-6 为使用马克笔和彩铅绘制的图稿。

在练习过程中，可以选用一些具有质感的纸张，如皮纹纸、牛皮纸等，更能体现彩色铅笔的艺术魅力。

基础底色仍然采用马克笔，覆盖面积大，效率高，在底色上再覆盖彩色铅笔即可呈现出朦胧的磨砂质地感。

白色或浅色彩色铅笔用于表现高光和亮部，能反映出丰富的层次感，比白色中性笔的单调质感要好很多。

暗部或深色部位也可以运用其他浅色彩色铅笔，让区域内的深色具有丰富的反光效果。

图 2-6　马克笔和彩铅绘制的图稿

↑ 使用马克笔绘制工业设计快题图稿时可搭配彩铅。彩铅能够丰富产品细节，运笔方式与马克笔有些类似。在备考过程中，可以根据实际情况，有选择地绘制一些彩色铅笔画稿，感受彩色铅笔绘制的韵律变化，在马克笔着色的基础上，适当运用彩色铅笔能丰富产品的质感。

2.2　线条表达

　　线条具有千变万化的特点，张扬有力的线条能准确表现出产品的轮廓，能清晰展现出快题作品中产品结构的特点。正确的线条必须是流畅的，绘制时要注重韵律感的体现，转折要有力度，多次练习后才会有成效。

2.2.1　线是运笔的根本

　　线是组成图形的必要元素，要掌握线的运笔，要求绘制者能够利用自身胳膊的不同支点做出合适的动作，绘制出灵活的线条。

　　以短线条为主的绘制可运用手指的力量完成；以中长线条为主的绘制可运用手腕的力量完成；以长线条为主的绘制可运用手臂的力量完成；以长线条和弧线为主的工作可运用肩膀的力量完成。此外，在绘制时身体的各关节要放松，不可过于紧绷，这样所绘制的线条才能更具韵律感和流畅感（图 2-7）。

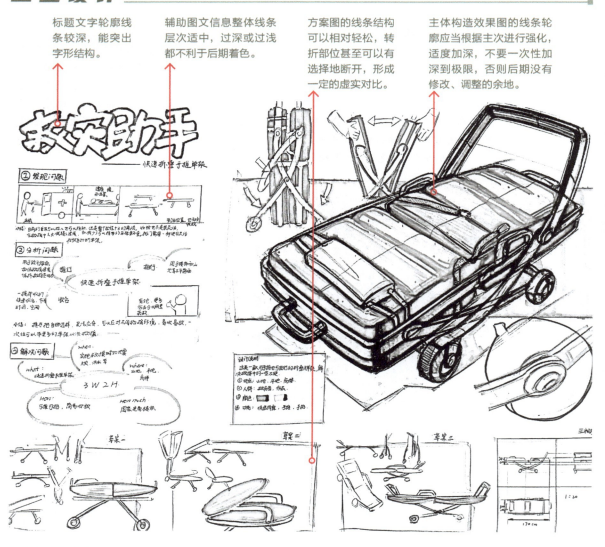

标题文字轮廓线条较深，能突出字形结构。

辅助图文信息整体线条层次适中，过深或过浅都不利于后期着色。

方案图的线条结构可以相对轻松，转折部位甚至可以有选择地断开，形成一定的虚实对比。

主体构造效果图的线条轮廓应当根据主次进行强化，适度加深，不要一次性加深到极限，否则后期没有修改、调整的余地。

图 2-7　快题线稿

↑绘制时要注意运笔不可犹豫，不可突然停顿，要控制好笔触，不可下笔太重或太轻，否则绘制的产品形象可能会达不到预期效果。

小贴士

马克笔和绘图笔的表现关系

　　1. 马克笔表现。马克笔色彩透明度比较高，可重复叠色，同时笔触也十分清晰，成画速度较快，能够很好地表现出产品的轮廓特征。马克笔有水性、油性及酒精性之分。使用马克笔绘制产品的着色稿时还可以结合彩铅与水彩等工具，这样能丰富图面的视觉效果。

　　2. 绘图笔表现。绘图笔是指针管笔和圆珠笔等硬笔，所绘制的线条具有鲜明的起点和终点，且利落感和流畅感比较强，能够在视觉上赋予产品一种精致但却严谨的美感。

　　3. 马克笔与线条之间的关系。先绘制确切的线条轮廓，轮廓可以用不同的绘图笔表现，再用马克笔绘制。当一幅作品绘制完成后，根据具体情况，在重点、局部区域可继续用马克笔绘制，以不断丰富并加深层次。这时还可以继续采用绘图笔强化结构，但是这些都属于二次表现，仅针对局部区域，不能整体表现，否则就会让画面显得凌乱。

2.2.2　了解多变的线条

　　线条是构成产品的主要形式，也是产品设计图稿和产品快题设计图稿的主要骨架，一般可分为直线和曲线，其中直线又可分为水平线、垂直线、斜线、交叉线等（图2-8、图2-9）。

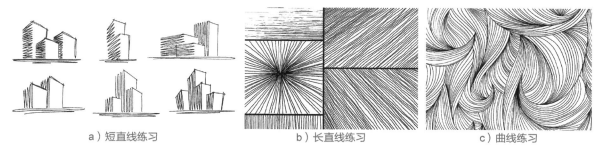

　　a）短直线练习　　　　　　　　　b）长直线练习　　　　　　　　c）曲线练习

图2-8　基础线条练习

↑线条练习需要长期坚持，除长直线、短直线、曲线、弧线外，还可多练习不规则线、折线、快线、慢线，以及不同组合的线条，这将使工业产品设计线稿更具观赏性和真实感。

a）有规律线条

←↓在练习绘制直线时可先尝试短线的绘制，绘制过程中要注意控制好下笔力度，要熟练掌握不同类别笔的特性，绘制时尽量不要出现断线和碎线，且下笔时的力度要均匀、准确，排线的间隙也应当达到小且均匀的水平。曲线可用来表现产品柔和的过渡面和造型曲面，在做曲线的绘制练习时可利用定点和辅助线进行有规律的练习，还可通过绘制圆形、椭圆、抛物线以及自由曲线等来练习绘制线条的流畅性。

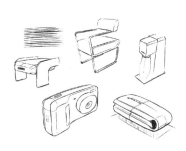

　　　　　b）无规律线条　　　　　　　　　　　c）造型线条练习

图2-9　深度线条练习

2.2.3 立体形态线条

体由面组成，面由线组成，要领悟线条绘制的要点，获取表现产品特征和形象的线条，则必须从三维立体层面来剖析线条。

立体形态指产品在二维平面图纸上的三维体现，在以往快题设计图稿中，产品拥有不同角度的三维立体形象，在绘制时需要提前确定好透视形式，然后根据透视特点来绘制产品，常用的透视方法有一点透视、两点透视和三点透视。

1. 一点透视

一点透视又称为平行透视，纵深感较强。这种透视方法适用于绘制正面轮廓特征比较丰富的柱状类产品，多用于绘制初期产品设计的单体线稿（图 2-10a）。

2. 两点透视

两点透视使用率较高，又称为成角透视，立体感较强。这种透视方法适用于大部分工业设计快题图稿中的单体产品绘制，且绘制成图后能表现出产品特点（图 2-10b）。

3. 三点透视

三点透视又称为广角透视，这种透视方法是在两点透视绘图的基础上，将产品的高线进行透视处理，以此来获取比较强烈的视觉效果，使产品在视觉感受上更具大气感，多用于绘制快题图稿中形态比较简单的产品，更能体现出产品特色（图 2-10c）。

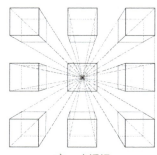 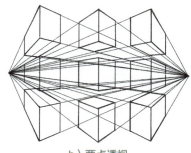 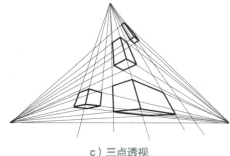

a）一点透视　　　　　　　　　b）两点透视　　　　　　　　　c）三点透视

↑一点透视的绘制要控制好产品高度与比例，产品正面细节绘制要近大远小，控制好视距，以免使图面过于呆板。　｜↑两点透视的绘制要分清主次，在绘制产品轮廓时要使用比较细致的线条，绘图顺序可依据设计者的绘图习惯来定，注意处理好细节的刻画。　｜↑三点透视的绘制，首先应当明确三视图与立体图之间的关系，要求设计者具备较强的动手能力和想象力。

图 2-10　立体形态线条透视示意图

小贴士

R 角的处理

R 角主要指通过对产品尖锐角进行弧形处理，而产生一定弧度角。它是不同形体之间相互呼应和协调的有效手段，在产品线稿的绘制时要注意 R 角处理。

1. 对立方体 R 角。首先需要进行透视处理，在处理立方体 R 角时要设置好与绘制面边缘线平行的参考直线，当直线绘制于转角处时应额外再绘制一个小弧度，然后再顺时针转动绘图笔继续绘制，直至转角绘制完成。

2. 对曲面 R 角。曲面本身具备一定弧度，在绘制转角时处理好明暗之间的关系，这样能增强产品形态的体量感。

3. 对任意形态 R 角。绘制之前要确定好产品的具体形态，明确其形态特征，然后再依次绘制产品外部轮廓和产品内部轮廓，绘制时要对光源与形态转折交接面进行处理。

2.2.4 反复锤炼线条质感

不同类型、不同疏密、不同倾斜方向的线条，在图纸中所能产生的视觉效果也大有不同。要绘制一幅优秀的产品快题设计线稿图，除认真观察产品形态外，线条练习也十分重要。

在练习线条时，可先从短直线开始画起，短直线的绘制讲究下笔有力，当断即断。无论绘制哪个方向的短直线，线条都应平直。然后练习长直线，绘制长直线要求握笔平稳，气息平和，如线段过长，可适当地进行交接。接着可以开始进行曲线和弧线的练习，曲线和弧线都要求下笔自如，且这两种线条都需具有一定的流畅度，但不同的是弧线的自由度要高于曲线（表2-1）。

表 2-1　不同线条的绘制方法

线条类型	图示	绘制方法
横直线		绘制横直线时要确保所绘制的直线位于眼睛的下方，这样也能确保绘制轨迹不会走偏，注意持笔的手腕应当保持固定的姿势，并以手肘为支点，摆臂成线，起笔和收笔要明确，运笔速度要快且稳
竖线		竖线的绘制一般是以手指为力量支点，以手指范围来控制竖线的长短，在绘制时笔与手臂要保持垂直关系，所绘制的线条要求和横线一样具有较强的挺拔感和结构感。可先练习短竖线，以便更快速地熟悉竖线的绘制
横抖线		横抖线可用于产品背景环境的绘制，波动感比较强，其绘制要点和横直线类似，只在摆动手臂的过程中上下轻微抖动手指即可
竖抖线		竖抖线的绘制要点和竖线类似，只在运笔过程中左右轻微抖动手指即可
平行线		绘制平行线时手部要保持水平状态，绘制方向应一致，一般有水平、倾斜等方向，注意所绘制的平行线在视觉上要给人一种平滑感
交叉线		交叉线一般是利用两组或两组以上的平行线来绘制，这种线条能表现出产品的质感和明暗关系，绘制时要注意线条间隔的控制
波状线		波状线一般并排绘制，可用于绘制木质材料产品的剖面效果和外部纹理

2.3 经典配色方法

色彩能够很好地美化产品造型，能够提升快题设计图稿的视觉效果，同时也能有效提高工业产品的档次和竞争力，对于满足使用者的心理需求，提高设计师的工作效率等都有很大作用。

2.3.1 配色法则

1. 遵循人机协调的原则

工业产品最终必将服务于人类，因此，在绘制产品快题设计图稿时，应当选择能够满足使用者心理需求的配色方案，这样能正确传达出产品的设计理念，即在提高工作效率和操作准确度的前提条件下，依旧能够让使用者产生比较强烈的舒适感和安全感（图 2-11 ）。

←色彩的明度和亮度等都应当能够与产品的使用环境相协调，且不会使人感觉到疲劳。在绘制产品的快题设计图稿时，要充分认识到即使是同种系列的色彩，明度、饱和度和亮度不同，搭配在一起产生的视觉效果也会不同。

图 2-11 使人舒适的色彩

2. 满足环境的要求

产品快题设计图稿不仅需要考虑产品自身的色彩，还需考虑在不同的使用环境和制作环境下，产品应当选择何种色彩（图 2-12 ）。

→配色满足环境的要求包括满足自然环境以及工业环境的要求。自然环境指产品快题设计图稿中的配色方案应当考虑产品在不同使用环境下的色彩的变化。工业环境包括作业环境、照明和噪声环境，这要求在绘制产品快题设计图稿时要保证所选择的产品的色彩在不同的制作与使用环境下能够给予公众正确的感受。

图 2-12 满足环境要求的色彩

3. 满足产品功能要求

不同色彩能够让公众联想到不同的产品，如红色会使人联想到消防车，军绿色会使人联想到军工用品，白色会使人联想到医药用品等。在绘制产品快题设计图稿时必须保证产品的配色能够与产品的结构、形态以及功能等达到高度的和谐和统一。

4. 满足时代审美要求

工业产品的存在必定会受到时代的影响，其色彩的选择要顺应时代的发展，产品快题设计图稿中的配色方案要能满足时代的审美要求，可多使用流行色。

5. 考虑不同材质表现

不同的色彩所表现出来的材质和情感不同，产品快题设计图稿中的配色方案要根据产品的制作工艺和制作材料来确定。

6. 符合美学法则

随着物质生活的提升和经济的快速发展，公众对工业产品的美观性要求也越来越高，因此产品快题设计图稿中的配色方案也应当能够体现产品特色，并且符合美学法则（图2-13）。

↓色彩比例的正确运用能突显产品设计的结构美、形式美和比例美，将色彩合理地分割至产品的不同部位也能使产品在视觉上更具平衡性。

↓色彩的对比可以突显产品设计的重点，也能表现出产品不同结构的特征。黄色与黑色调和则可以增强产品的整体性，并使其具备生气和亲切感。

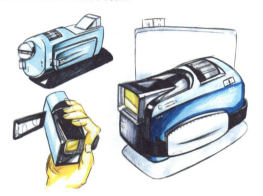

a）配色的比例与分割

b）色彩的对比与调和

←多种色彩搭配，要强化节奏与韵律，能有效增强产品的灵动感，在视觉上能够使人产生轻松和愉悦的感觉。

c）配色的节奏与韵律

←橙色与金属色搭配，表现出的均衡感和稳定感可增强产品的视觉稳定性。

d）配色的均衡与稳定

图2-13 产品配色符合美学法则

2.3.2　制作配色方案

配色需要有主色调和辅助色调，只要主次色调分明，且能在统一中有变化，那么快题设计图稿必定能够达到既定的目标，视觉效果也会更好。

1. **熟悉配色的易辨度**

在进行配色之前，应当对配色的易辨度有所了解，一般易辨度又被称为视认度，指的是背景色与图形色搭配，或产品色与环境色搭配时，对图形或产品的辨认程度。色彩搭配不同，所形成的配色清晰度也不同（表2-2）。

表2-2　不同易辨度的配色

区分	顺序	配色方案	图示	区分	顺序	配色方案	图示
清晰的配色	1	环境色：黑		模糊的配色	1	环境色：黄	
		产品色：黄				产品色：白	
	2	环境色：黄			2	环境色：白	
		产品色：黑				产品色：黄	
	3	环境色：黑			3	环境色：红	
		产品色：白				产品色：绿	
	4	环境色：紫			4	环境色：红	
		产品色：黄				产品色：蓝	
	5	环境色：紫			5	环境色：黑	
		产品色：白				产品色：紫	
	6	环境色：蓝			6	环境色：紫	
		产品色：白				产品色：黑	
	7	环境色：绿			7	环境色：灰	
		产品色：白				产品色：绿	
	8	环境色：白			8	环境色：红	
		产品色：黑				产品色：紫	
	9	环境色：黑			9	环境色：绿	
		产品色：绿				产品色：红	
	10	环境色：黄			10	环境色：黑	
		产品色：蓝				产品色：蓝	

根据色彩不同，可将配色设计分为无色设计、类比设计、冲突设计、单色设计、分裂补色设计、互补设计、中性设计、原色设计、二次色设计、三次色设计等。

（1）无色设计只用黑、白、灰三色。

（2）类比设计则是在色相环上任选三种连续色彩。

（3）冲突设计主要运用原色和补色。

（4）单色设计则是将一种颜色与任一个相关的明、暗色相配合设计。

（5）分裂补色设计多选择一种颜色与其补色任一侧的颜色搭配设计。

（6）互补设计则多使用相反的颜色设计。

（7）中性设计一般是选择使用一种颜色的补色或黑色设计。

（8）原色设计主要使用纯原色设计。

（9）二次色设计多选用二次色绿、橙、紫结合设计。

（10）三次色设计是指将二次色与原色相搭配出的新色彩，所选用颜色在色相环上的距离具有相等性，如红（原色）橙（二次色）、黄（原色）绿（二次色）等。

2. 选择正确的总色调

色彩千变万化，一种色系可以划分为不同的颜色。在绘制产品快题设计图稿之前，需要对色彩的总色调有所了解，一般多会运用到明调、暗调、暖调、冷调、红色调、黄色调、蓝色调、橙色调、紫色调等，不同色调能给公众传递不同的设计情感，这一点在图稿中应当有所体现（图2-14）。

a）红色调

b）黄色调

c）蓝色调

↑红色调能给人带来兴奋、热情和刺激的感觉，同时能带给公众亲切感和温暖感。

↑黄色调能给人一种明快、温暖和柔和的感觉，与黑色搭配具有很强烈的醒目感。

↑蓝色调偶尔会给人带来悲伤感，但大多表现为寒冷、清净、深远之感。

d）橙色调

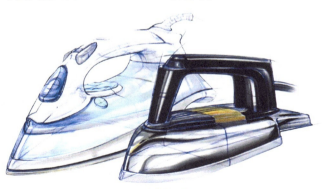

e）紫色调

↑橙色调会给人一种明快感和亲切感，在给人一种兴奋、温暖的感觉之余，有时还会产生烦躁的感觉。

↑紫色调则多给人华丽、娇艳和忧郁之感，稳重的紫色会给人一种庄重、压抑和朴素的感觉，偏蓝的紫色调还会给人清凉、沉静之感。

图2-14 不同色调展示

小贴士

影响配色的因素

1. 光源。在不同的光源照射下，产品的色彩会呈现不同的视觉效果，在太阳光下会呈现白色光，在白炽灯下会呈现黄色光，在日光灯下会呈现蓝色光等。

2. 材料。不同的材料所反映的色彩是不同的，在进行配色时要选择合适的颜色来表现出产品材料的特色。

3. 制作工艺与表面肌理。同种色彩的材料，如果采用不同的制作工艺，最后所呈现出来的色彩效果也将会不同。应当根据产品不同结构的加工工艺和制作材料来选择合适的色彩，这样才能获取丰富的色彩效果，所设计的产品才能更有层次感。

3. 根据产品特色选择配色方案

不同产品有不同特色，色彩应当充分结合产品轮廓、形态、材质及情感等来选择。例如，一般仪器、仪表及控制台的面板可选择亲切感较强，易辨度较高的色彩，外壳则可选择明度较高、纯度较低，亲切感和明快感较强的暖色调；汽车的设计要体现安全感、平稳感和亲切感，可选择明度较高的暖色或者中性色，也可依据设计需要选择其他色系；飞机的色彩多采用纯度较高的银灰色或者银白色，这种色彩能给人一种平稳感和轻巧感；船舶的色彩则可采用明度较高的中性色或者冷色调，也可选择上浅下暗或中间配置色带的方式进行配色（图 2-15）。

a）多种彩色配色　　　　　　　　　　　　b）金色配色

图 2-15　根据产品特色选择配色方案

↑真实的工业产品因使用功能与使用人群不同，所选择的配色也应当有所不同，这一点在产品快题设计图稿中应当有所体现。

4. 注重重点部位的配色

工业产品重点部位多为开关，因此，应让其具备足够的吸引力，并在旁边赋予商标设计等。这些部位的设计面积不会过大，在选择色彩时应当选择比产品其他部位的色调更强烈的颜色（图 2-16）。

小贴士

手绘工业产品表现图分类

1. 单色表现图。单色表现图包括线描图和明暗图。线描图可分为铅笔线描图、钢笔线描图、炭笔线描图、针管笔线描图、水笔线描图；明暗图可分为铅笔明暗表现图、钢笔明暗表现图、炭笔明暗表现图、水笔明暗表现图。

2. 色彩表现图。色彩表现图包括工具类色彩表现图和非工具类色彩表现图。工具类色彩表现图多指喷绘表现图；非工具类色彩表现图多分为透明水色表现图、水粉表现图、水彩表现图、马克笔表现图、彩铅表现图等。

a）局部对比   b）整体统一

图 2-16   重点部位的配色

↑产品快题设计图稿的色彩要有主次之分，重点部位所选择的颜色应当能与主色调形成对比色，但色调的明度、亮度、深浅度等要能与整体色调相融合，着色时也必须考虑到产品整体色彩的视觉平衡效果。

2.3.3 马克笔配色

马克笔色彩丰富，通常多采用相邻色、对比色、互补色、混合色等对图稿上色。合理并巧妙运用这些色彩，能搭配出符合时代要求，更具欣赏价值和审美价值的色彩。

以下马克笔配色图例下方均有色号供参考（图 2-17）。

34+31   67+72

a）相邻色配色

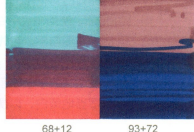

68+12   93+72

b）对比色配色

↑相邻色也被称为近似色，这种色彩在色相环上差别很小，很多色彩都属于同一色系。使用马克笔绘制产品快题设计图稿时，可采用近似色进行色彩的叠加，但要注意色彩的搭配。

↑对比色指在色相环上间隔度数在120°～170°之间，颜色相差7～11色的颜色。使用这种对比色能够获取比较强烈和鲜明的视觉效果，但要注意控制色彩的明度和饱和度。

→互补色。互补色同样具有对比强烈的视觉效果，一般是指在色相环中间隔度数为180°的两种色彩。使用这种色彩进行产品快题设计图稿的绘制时，应当理清三原色的补色关系，并注意绘制的色彩不可过于杂乱、生硬。

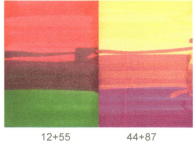

12+55   44+87

c）互补色配色

55+59+8+122   WG2+35+7   42+64

d）混合互补色

图 2-17   马克笔配色

2.4 着色技巧

着色是在线稿的基础上进行的，上色之前应当分析快题设计图稿中产品所服务的人群，然后根据人群审美习惯与产品特色选择合适的色彩，这样也能使着色稿更具审美价值和实用价值。

2.4.1 熟悉着色工具

马克笔的色彩种类较多，主要可用于工业产品快题设计着色稿的绘制，绘制时应处理好不同色彩之间的重叠关系。

1. 用笔技巧

马克笔在使用之前，应当调整好画笔的角度以及笔头的倾斜度，以便能更灵活地绘制出不同粗细和深浅的线条，下笔速度要快，可采用排笔、扫笔以及点笔等方式绘制出不同笔触的线条。在运笔过程中，还需注意不可多次用笔，以免出现杂色或透色的情况。

此外，马克笔用笔时笔头应当紧贴纸面，且应与纸面形成 45° 角，排线时要用力均匀，线条重叠的地方应当保持深浅度一致，排线的顺序也应当严谨，不可随意排线，线条的方向和疏密度一定要控制好，要保持整体幅面的统一。

2. 不同材质的表现技巧

每种材质所拥有的特征不同，在使用马克笔时更要重点突出产品不同材质之间的区别。

（1）木质材质。使用马克笔绘制木质材质的重点在于要突出木质材料的纹理，线条要有逻辑性，不同界面之间的过渡要自然。可先用浅木色打底，再用深色进行补充，必要时还可借助彩铅对其细节部位进行补充。

（2）玻璃材质。使用马克笔绘制玻璃材质的重点在于表现出玻璃材料的透明感，所绘制的线条要有层次感，要适当地留白，以便能营造出较强的通透感。注意绘制时产品第一层顶部和底部边缘的色彩要适当加深，要绘制好明暗交界线。

（3）金属材质。使用马克笔绘制金属材质的重点在于表现出金属材料的金属质感，绘制时要善用色彩对比，同时绘制的线条也应当流畅，以表现出金属材料的光滑感（图 2-18）。

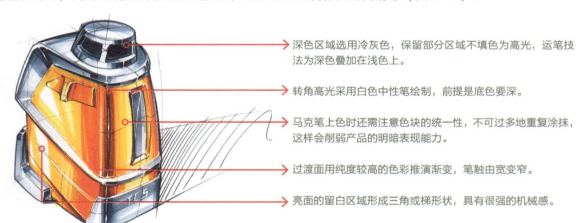

深色区域选用冷灰色，保留部分区域不填色为高光，运笔技法为深色叠加在浅色上。

转角高光采用白色中性笔绘制，前提是底色要深。

马克笔上色时还需注意色块的统一性，不可过多地重复涂抹，这样会削弱产品的明暗表现能力。

过渡面用纯度较高的色彩推演渐变，笔触由宽变窄。

亮面的留白区域形成三角或梯形状，具有很强的机械感。

图 2-18 产品着色表现金属质感

3. 上色技巧

（1）使用马克笔进行上色时不可重叠过多的颜色，要运用好黑色，一般将黑色运用到产品阴影处、明暗交界的暗处、环境的暗处等区域。上色时必须注意深色应当叠加在浅色上，这样才不会显得画面过于脏乱。

（2）在绘制之前应当确定好主光源，并以此为参考绘制工业产品的阴影。

（3）马克笔在运笔时应当控制好重复用笔的次数，叠加着色时应当待第一遍颜色完全干透之后再进行第二遍上色，这样所绘制的着色稿才能色彩干净、清晰。

（4）对于产品的背光处，可以选择有一定对比度的同色系中的深色来进行上色，上色方法与产品受光面的上色方法一致。

（5）对于产品投影明暗交界的边缘处，可选择同色系中的深色进行叠加上色，注意不要选择与之前的色彩形成对比的颜色。此外，不同的纸张以及不同工具绘制的线稿对马克笔的色彩选择也会产生影响，在实际进行产品着色稿的绘制时应当有所区分。

图 2-19 为马克笔的上色技巧。

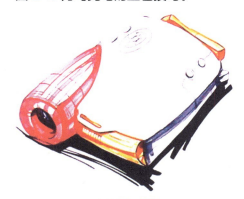

a）光源与投影

b）控制好着色线条

↑绘制阴影时要注意产品的明暗关系以及投影的添加方向应当保持一致，这样才能更好地在平面图纸上表现出三维立体感。

↑软质产品多使用排笔组合线条来进行色稿绘制，绘制时要控制好线条的绘制方向和疏密度。

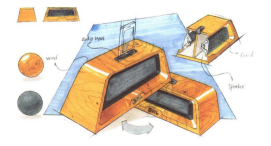

c）正确的上色顺序

d）适当的留白

↑要明确上色的顺序，一般先上浅色然后再上深色，图幅中可以有适当的留白，同时马克笔还可搭配彩铅、水彩等绘制产品的细节部位。

↑在绘制工业产品受光面时，建议选择同色系中颜色较浅的色彩进行上色，为了更好地表现出产品的体量感，可以在产品受光的边缘处留白，然后使用同色系中颜色较深的色彩进行上色，以此形成对比，增强产品的层次感。

图 2-19　马克笔的上色技巧

2.4.2 掌握着色技法要点

工业产品快题设计图稿的最终呈现需要结合彩铅、马克笔、高光笔等配合完成，在上色之前要明确不同色彩之间的对比和互补关系，并能灵活地将其运用到图稿中。

1. 厘清马克笔的色彩原理

绘制工业产品快题设计着色稿最基础的一步便是理解色彩原理，使用马克笔为设计图稿上色必定需要了解与马克笔相关的色彩知识（图 2-20）。

（1）明度。明度是指色彩的明暗深浅程度。

（2）色相。色相是指色彩所呈现的相貌，多以色彩名称来表现。

（3）纯度。纯度是指色彩的纯净程度，主要用于表示各种颜色中的成分比例，一般有色成分越高，色彩的纯度就越高。使用马克笔绘制工业产品快题设计着色稿时，要注意控制好色彩的叠加与纯度变化等。

a）灰色系明度变化

↑ 在马克笔色彩中，灰色系多用于表现色彩明度，使用马克笔着色时一定要掌握好灰色系明度变化的规律。

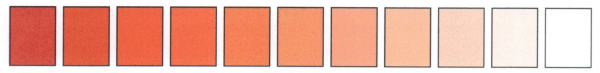

b）同一色系明度变化

↑ 同一色系添加的白色或黑色的比例不同，所呈现的色彩明度也有明显不同，使用马克笔绘制工业产品快题设计着色稿时要注意参考色相环。

3+WG5　　　96+120　　　122+70

c）降低纯度的方法

←马克笔可通过适量叠加灰色、黑色以及适量对比色来达到降低纯度的目的。当叠加灰色时，灰色越深，纯度越低；叠加黑色时，黑色覆盖次数越多，色彩纯度越低；叠加的对比色越多时，色彩的纯度也会越低。

图 2-20　马克笔的色彩原理

2. 做好光影的着色练习

光影可以增强工业产品在平面图纸上的立体感。使用马克笔绘制产品快题设计着色稿时，要处理好面与面之间的明暗对比关系，要区分出明面和暗面，受光面可以留白，或仅使用扫笔的方式获取淡淡的一层颜色，注意产品亮部是从下往上依次减弱的（图2-21）。

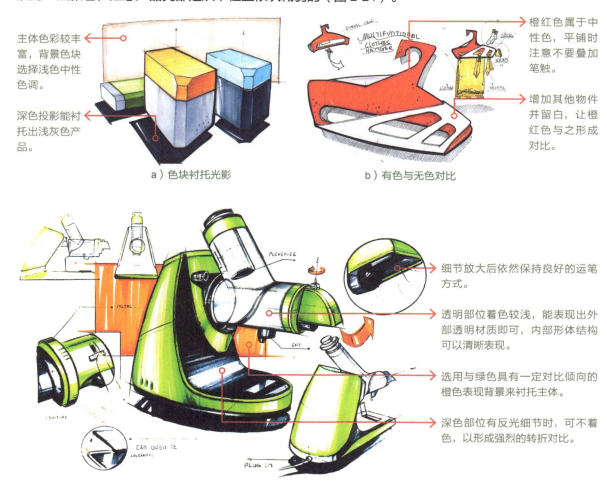

主体色彩较丰富，背景色块选择浅色中性色调。

深色投影能衬托出浅灰色产品。

a）色块衬托光影

橙红色属于中性色，平铺时注意不要叠加笔触。

增加其他物件并留白，让橙红色与之形成对比。

b）有色与无色对比

细节放大后依然保持良好的运笔方式。

透明部位着色较浅，能表现出外部透明材质即可，内部形体结构可以清晰表现。

选用与绿色具有一定对比倾向的橙色表现背景来衬托主体。

深色部位有反光细节时，可不着色，以形成强烈的转折对比。

c）高光与反光对比

图2-21 光影的着色练习

↑在进行光影的绘制练习时，要注意产品暗面的绘制可通过叠加摆笔或排笔的方式来获取结构清晰的明暗对比面，但要注意明暗面色彩的过渡要自然且柔和，这样才能使产品的轮廓更清晰和明朗。

2.4.3 着色注意事项

着色是工业设计快题设计图稿绘制必经的一步，它能使产品的形象更具体化，这对于后期设计方案的分析与完善也有着极大的帮助。

1. 确保透视的准确性

合理的透视能够使产品获取更佳的视觉效果，透视的准确性不仅可以使产品形象更符合公众的视觉习惯，同时也能增强公众对产品形体的接受程度。

（1）形体的透视。产品形体的透视主要可分为点、线、面的透视。其中，点与线的透视变化不大，着色时要注意处理好线条与点的表现，包括对产品轮廓线、边缘线以及结构线等的处理。面的透视依据采用的透视方法不同而有所不同，且不同形态的面所呈现的透视面也会有所不同。在使用马克笔进行产品快题设计着色稿绘制时，应当根据设计方案和快题线稿进行上色，注意控制好色彩深浅过渡效果与具体的着色范围（图2-22a）。

（2）投影的透视。投影的色彩一般较深，着色时要处理好投影明暗面之间的色彩过渡，尤其是同一投影面会有不同明度的变化，投影的透视一般应当在线稿中表现出来，并以此作为着色稿的参考图纸（图2-22b）。

→要在图稿中表现出形体的透视感，对于线条所呈现出的粗细变化、快慢变化、软硬变化、深浅变化、虚实变化等都应当在平面图纸中细致表现出来。除此之外需注意落笔时色彩不宜出现过多的断裂。

←使用马克笔绘制的线条应平稳，笔头要完全附着到图纸上。在绘制过程中运用垂直交叉的笔触组合，能有效丰富图面的层次，所获取的视觉效果较好。绘图时需注意必须待第一遍色彩干透后才可进行第二遍上色。

a）形体的透视　　　　　　　　b）投影的透视

图2-22　透视表现

2. 确保色彩叠加和运用的正确性

色彩的有序叠加和运用是为了丰富产品形象的层次感，同时合理的色彩也能增强产品对公众的吸引力，能够为公众带来舒适感（图2-23、图2-24）。

←在表现单色或单一材质的产品时，可选择同色系中不同明度的色彩，由浅到深依次有序叠加着色，并通过适当的留白或用白色中性笔勾勒轮廓，形成精致的光影轮廓。

图2-23　色彩的叠加

（1）有序叠加。如果只需要在着色稿中表现产品某部位微妙的色彩变化，可先使用与产品色彩形成对比的颜色铺色，以扫笔的方式获取较浅的底色，然后再使用产品色进行第二次色彩的叠加，注意在两次着色的笔触之间应当衔接紧密且迅速。使用马克笔叠加能够获得更高纯度的色彩，根据马克笔品种选择不同的纸张，以免出现色彩晕开的情况，影响最终的视觉效果。

（2）背景处理。背景会对产品的色彩产生影响，可以先用马克笔上色，然后再上一层彩铅，彩铅的色彩要能与马克笔所用的色彩相配，这样不仅可以有效调整着色稿层次的变化，同时也能增强产品的质感效果。

（3）巧妙上色。在产品快题设计图稿着色之前，着色所使用的马克笔不适合大面积涂染，可通过不同笔触来绘制出着色稿所需的层次。

（4）表现层次。由于产品不只需要一种色彩，在为线稿上色时，整体上应当根据产品的固有色来进行着色，要注意产品转折面色彩的变化，区域留白也应当控制好比例。着色时还可根据设计方案和产品使用环境、使用对象等适当增加部分环境色，这样能够使图面更生动和更具层次感。

（5）强调对比。在产品快题设计图稿着色时，还需体现出产品的明暗对比和冷暖对比，要选择正确的色调，色调的平衡应当重点考虑，这不仅能增强产品的整体性，同时也能增强产品的洁净感。

（6）色彩过渡。可使用重叠法进行过渡，在绘制色彩过渡时，可以根据色彩的深浅来选择使用何种颜色进行叠色处理，注意应当由浅到深进行叠色。

（7）整体统一。马克笔的用笔和用色均需再三思量，必须要有整体上色的概念，笔触的走向也要统一，要注意马克笔笔触间的排列和顺序，不可随意下笔。

（8）适当留白。绘制的色块要有确定的色系和走向，不可随意选择，以免色彩过于沉闷和呆板，影响产品的视觉效果。

（9）避免灰暗。产品快题设计图稿的整体画面不可过于灰暗，要能体现出虚实的差异，且用色不可过于杂乱或随意，所选用的色彩应当具有柔和性。

a）色彩表现主次分明

↑产品快题设计图稿着色所选择的色调应当主次分明，无论是选择使用对比色还是互补色，都应当以某一色调为主基调，然后再在此基础上加以变化，以便能维持色调的统一性和整个快题设计图稿的层次感。

图2-24　色彩的运用

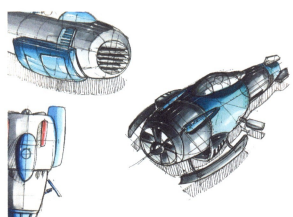

b）色彩表现形体感

↑产品快题设计图稿的着色是赋予在产品之上，而不是单纯地平涂在纸面上，因此使用马克笔时要顺应产品结构来进行着色，这样才能在二维的纸面上体现出形体感。

2.5 单体训练

个体是组成整体的重要元素，单体产品的绘制练习能够帮助绘图者熟悉产品不同结构和不同材质的绘制特点，这对于后期产品快题设计图稿绘制有很大益处。

2.5.1 单体图稿绘制步骤

这里主要阐述产品单体线稿与着色稿的绘制步骤。

1. 单体线稿绘制

（1）分析设计方案。根据工业产品的设计方案，分析出产品的具体形态，仔细观察，确认其整体轮廓为何种几何体，并对其产品形态特征进行分析。

（2）绘制总框架。工业产品总框架的绘制应当选用轻笔触，绘制之前应当选定视角，绘制时要注意控制好产品各构件之间的透视关系和比例关系，可适量使用辅助线（图 2-25a）。

（3）绘制结构。产品的整体框架绘制完成后，应当继续绘制产品各个部位的结构，绘制之前要明确产品是如何组合以及如何拆分的，可适当选用中心线和截面线来表现面的凹凸起伏变化。

（4）绘制细节。细节绘制主要表现产品圆角之间的衔接，注重分模线、倒角面和曲面之间的过渡线等，绘制时应注意笔触不可太深或太粗（图 2-25b）。

（5）整体调整。线稿的整体调整是为了获取更好的视觉效果，也是为了使工业产品能在二维图纸上表现出三维立体效果，绘制调整时可将部分线条加粗加重，注意做好轮廓线和结构分界线等线条的处理。

（6）处理阴影。阴影可通过排线的方式进行绘制，注意在绘制时不可过分强调阴影，可沿产品与地面接触区域勾勒阴影边界，绘制时线条应当有轻重和粗细变化（图 2-25c）。

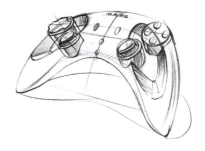

a）总框架绘制　　　　　　　　b）细节绘制　　　　　　　　c）阴影绘制

图 2-25　单体线稿绘制

↑首先绘制手柄的基本形状，包括手柄的轮廓、厚度、尺寸等。然后添加手柄细节，在基本形状绘制完成后，进一步绘制细节，包括按键、摇杆、振动功能等。最后添加阴影，强化各个部件的立体效果，使其符合后续着色要求。

钢笔技巧

纤细的笔尖用于绘制产品黑白线稿，较粗的笔尖用于表现产品明暗关系，还可用于书写设计说明。钢笔线条重点表现线条的艺术形态美，可利用线条来表现出产品的光影关系。线条之间的连接应当干净、流畅，表现出线条的轻重缓急、强弱疏密、抑扬顿挫、长短曲直。

2. 单体着色稿绘制

（1）分析产品形态。单体着色稿是在线稿的基础上对设计方案加以完善，在上色之前应当仔细观察产品线稿，并对产品的结构、形态等进行分析，确定好哪些部位应当着何种色调，严格把控色彩的明度、纯度等。

（2）铺底色。确定好产品各结构色彩后，即可开始分区域、大面积铺底色，注意笔触要轻，由于部分产品可能只需要在亮部或反光的区域铺底色，因此在着色过程中应当针对不同形态的工业产品设计不同的铺底色方案。

（3）明暗细节细化。对于工业产品凹凸面的着色，首先应当确定好明面和暗面，然后再于图稿中找到产品形态相对应的灰面，细致且耐心地进行明暗面着色，注意表现层次感。

（4）深化明暗面。为了增强工业产品在二维平面图纸上的表现力与立体感，在着色时应当加深明暗面交界处的色调，增强明暗对比，以便能使产品的形态更饱满。

（5）完善着色稿。亮度的对比能够加深公众对工业产品的印象，可使用高光笔将产品的反光部位标示出来，注意产品的阴影部位也应当做同样的处理。高光提亮完成后应当对单体产品的着色稿进行检查，查看有无漏项，色彩比例是否合适，色彩深浅是否合理等。

图2-26为单体着色稿绘制。

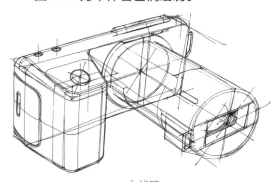

a）线稿   b）着色

图2-26 单体着色稿绘制

↑使用马克笔上色时，多会采用排线的方式进行图稿的上色，上色时不仅要控制好线条的方向和疏密，同时还应当确定好产品形态的明暗关系，并选用合适的色彩将其光影效果在二维平面上表现出来。

小贴士

着色稿的绘画

1. 熟悉绘画工具。这是进行着色稿绘制的第一步，这也决定了是否能够获得色彩合理的作品，明确马克笔的颜色和粗细以及从哪个角度用力绘制可以有效增加线条的宽度等有助于更好地上色。

2. 明确明暗关系。明暗关系的确立有助于更好地在平面图纸中体现出产品的立体感，一般明面可用白色表示，可适当加些高光，暗面则可用灰色或黑色表示。

3. 熟悉色彩的使用方法。不同的色彩能够表现不同的材质，熟悉色彩的运用方法可以更灵活地表现产品的特点，对于增强产品的真实性也有很大的帮助。

2.5.2 在临摹中积累经验

在没有把握的基础上可先进行单体线稿临摹。在临摹的过程中，绘图者可以学习到很多线稿绘制的技巧。此外，临摹单体图稿要遵从先易后难的原则，可先进行产品某个部位的临摹，再进行整体产品的临摹（图2-27）。

1. 观察产品的形态

在临摹线稿之前，需要观察绘制好的产品轮廓，这不仅是为了更好地临摹，同时也是为了能够在临摹的过程中学习不同形态产品的绘制技巧。

2. 注意线条的临摹

在临摹单体线稿图时，要事先了解清楚产品的结构特征，在临摹过程中要注意产品的形态变化与线条绘制的特点，结构转折处的线条绘制以及底部、顶部细节处的线条绘制都应着重注意。此外，在线稿的临摹过程中，应当重视线条的粗细、疏密、长短等的变化特征，并能取长补短。

3. 仔细观察阴影的变化

阴影的合理运用可以有效增强产品的立体感。在临摹单体图稿时，要注意阴影在图幅中的变化，所占比例，明暗对比与具体阴影的绘制方法等。此外，在绘制单体图稿时必须明确产品闭合处的阴影要加深，转折处的阴影也要加深；产品视觉中心处的阴影要加深，但周边细节部位阴影要适当变浅（图2-27）。

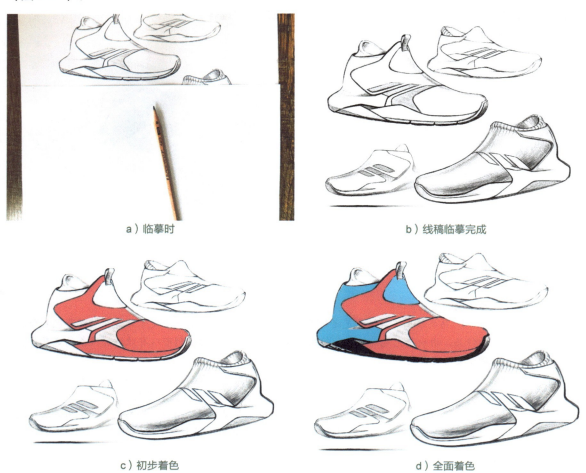

a）临摹时

b）线稿临摹完成

c）初步着色

d）全面着色

图2-27　在临摹中积累经验

↑临摹时要注意产品靠前的部位阴影要加深，但靠后的部位阴影要变浅等，明确这些细节处的阴影变化，才能更好地突显品的层次感，在视觉上也能增强产品的立体感和真实感。

2.5.3 提升单体训练技巧

进行单体绘制练习，首先要考虑的是产品的功能、结构、比例、人机尺度等能否在图纸中表现出来；其次，便是产品呈现的视觉效果和光影效果能否在图纸中表现出来，这些都需要绘图者拥有较强的形体直觉和比例调配能力。

1. 幅面要保持整洁

线稿幅面过于凌乱，会给人一种设计没有逻辑、杂乱不堪的视觉不适感，在绘制产品线稿时一定要保持整体幅面的整洁感（图2-28）。

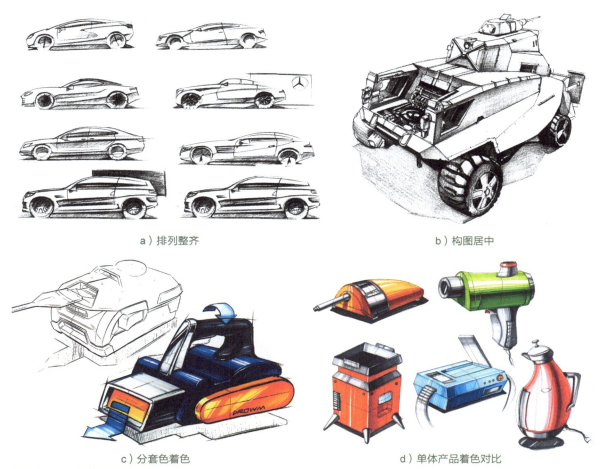

a）排列整齐

b）构图居中

c）分套色着色

d）单体产品着色对比

图2-28 幅面整洁的单体图稿

↑工业产品手绘单体图稿的画面要保持整洁，尤其是底图和背景要保持干净。在绘制效果图时，合理的留白可以有效突出主体，减少杂乱感。留白不仅仅是指纸张上的空白区域，还包括画面中的白色形状和线条。通过巧妙地运用空白，可以使画面更整洁和有序。

小贴士

断面辅助线

断面辅助线指辅助表达产品形态断面的线，它能明确产品形态间的相互关系，可在图纸上清晰地展现产品形态变化。

2. 注重产品轮廓表现

进行单体绘制练习时要注重对产品轮廓的体现，这主要表现在要控制好产品与整个幅面之间的比例关系，要在图稿中明确表现出产品本身的比例、结构、透视、光影等要素（图2-29）。

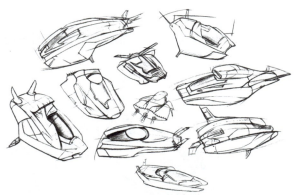

a）比例关系

↑比例是造就产品稳定性的重要因素，在进行单体训练时要控制好同一幅面内不同产品之间的比例关系，所绘制的产品尺寸大小要参考实际尺寸。

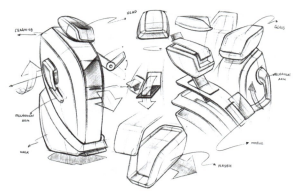

b）结构关系

↑在进行单体训练时，应当理清产品的组成结构，绘制时的参考方向和光源也应当提前构思好，且需注意各结构分布的位置，不可七零八落，毫无逻辑可言。

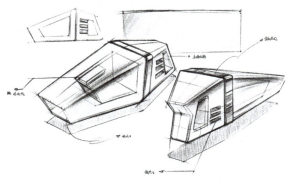

c）透视关系

↑在进行单体训练时要注重透视关系的体现，这是为了使观者更清晰地认识到产品的设计意图，同时也能便于设计师分析和完善产品的设计方案。

d）光影关系

↑光影的绘制是为了使产品在平面图纸上更立体化和真实，在进行单体训练时应当确定好光源，并分清产品轮廓的明暗面。

图2-29 单体轮廓的绘制

小贴士

产品外观设计原则

产品外观设计要遵守相应的设计原则，包括可行性原则、实用性原则、科学性原则、思想性原则、艺术性原则以及经济性原则等。可行性原则要求产品的外观设计必须与产品的结构设计紧密相连；实用性原则要求产品具备一定的功能性和装饰性，要能具备实际使用价值；科学性原则要求产品的外观设计必须满足技术美学以及外观美学相关的标准；思想性原则要求产品的外观能表现出良好的设计理念，能与现今的时代思想相融合；艺术性原则要求产品的外观具备较强的审美性，在造型和色彩上都能使人感到愉悦；经济性原则要求要控制好产品生产与制作的成本，能创造一定的经济效益。

3. 注意产品细节处理

工业产品因其设计形态的不同，所需要注意的细节部位也会有所不同，在进行单体训练时要能清晰展示产品细节部位的轮廓，这就要求绘图者具备较好的绘画功底，并懂得取舍，能够分清主次。

（1）形体塑造。如果所设计的工业产品的棱角分明，应当在单体训练时，注重产品各平立面处的过渡，这样既能增强产品的立体感，同时也能很好地将黑、白、灰这三个面区分开来（图2-30a）。

（2）曲面表现。绘制部分形态较多的工业产品时，需要更注重曲面表现，产品的曲面或呈现凹凸不平感，或呈现曲面平滑感，这些都需要在图稿中表现出来（图2-30b、图2-30c）。

a）形体塑造

↑在进行单体训练时，应在转折处提亮面或提亮线，注意所绘制的三条亮线必须要有粗细和深浅之分，并在这三条亮线的交汇处点抹稍许高光，以塑造更高级的形体特色，这样也能有效提升产品的轮廓感。

b）曲面表现

↑在进行单体训练时，必须重点注意曲面转折处的细节刻画，要控制好下笔力度，笔触过渡要柔和且含蓄，为了使过渡不至于太过突兀，一般只提亮线，不提亮面。

c）曲面色彩表现

↑着色时还要考虑产品曲面、亮面、暗面等处色彩比例的协调。

图 2-30 体与曲面

（3）凹凸表现。准确的凹凸表现能加深产品的真实感和立体感。在进行单体训练时，要注意产品在平面上的凹凸表现，这主要表现在绘制时要绘制好暗线和亮线，要根据产品的外部轮廓特征来确定好暗线和亮线的位置。在平面上绘制产品凹面时，可以适当地添加投影，并以此来达到增加凹面层次感的目的（图2-31）。

a）全局凸凹

b）功能凸凹

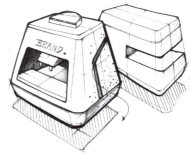

c）局部凸凹

图 2-31 凹凸表现

↑在进行单体训练时，要表现出线的凹凸感，首先在提亮线时，应当根据透视变化与绘制所定的光源方向，将亮线提在暗线的上面，以此增强幅面的明暗对比；其次，应注意在绘制有暗线交叉的部位时，所提亮的线应当停顿，在绘制有亮线交叉的部位时则可以增加稍许高光，以增强亮面效果。

2.6 线稿解析：线条的应用

线条是组成产品线稿最基本的元素，在绘制时要分析产品形态、结构，以及制作所运用的材质；要能以单色线条的形式，在二维平面上展示出工业产品更多特色，这样才能更好表现产品快题设计图稿。

2.6.1 单体线稿

单体线稿的内容比较单一，主要用于表现工业产品的外部形态。图稿中会详细绘制出产品与光源之间的投影关系，以及产品自身的透视关系等（图 2-32 ～图 2-37）。

产品的功能区域绘制得很清晰，线条粗细基本一致，很好地展现了产品的整体性，同时线条之间的间距也把控得很好，疏密有致。

通过对线条粗细的合理利用可以很好地表现出产品形态的凹凸感，同时内凹空间的透视关系也处理得很不错。

对产品形态细节的绘制能够更好地突显出产品特色，同时也可以增强公众对产品的认知。

通过绘制产品不同角度的形态能够有效增强产品的立体感，且利用排线的方式能够很好地表现出产品的阴影，也能使图面不会显得过于单调。

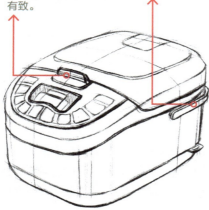

图 2-32　单体轮廓的绘制（一）

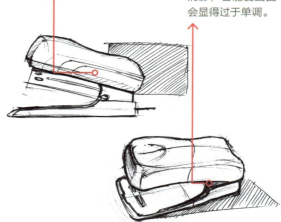

图 2-33　单体轮廓的绘制（二）

仅用寥寥几笔就清晰地表现出产品重点部位的特色，下笔不犹豫，线条之间的连接也都十分流畅。

曲线绘制一笔到位，阴影部位的线条明显深于其他区域，能很好地区分出主次，且曲线与曲线之间融合得比较自然。

图 2-34　单体轮廓的绘制（三）

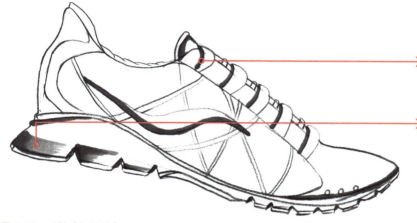

用深色的线条绘制鞋带，一来可以区别于球身的线条，二来也能表现出鞋带的质感。

有层次感的线条绘制更能表现出球鞋的轮廓，使其不至于太过平平无奇，同时将这种形似于阴影的线条巧妙地运用到鞋底的绘制上，也能很好地展现出球鞋的体量感。

图2-35 球鞋（胡莹莹）

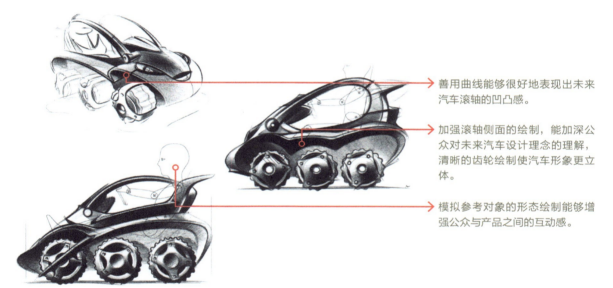

善用曲线能够很好地表现出未来汽车滚轴的凹凸感。

加强滚轴侧面的绘制，能加深公众对未来汽车设计理念的理解，清晰的齿轮绘制使汽车形象更立体。

模拟参考对象的形态绘制能够增强公众与产品之间的互动感。

图2-36 未来单人汽车

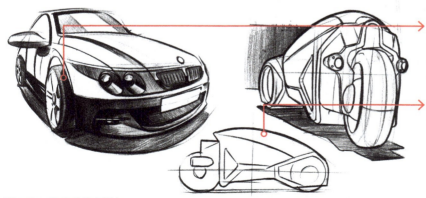

对产品轮廓的清晰绘制能够加深公众对产品的亲切感，同时所用的线条十分柔和，阴影的绘制也比较自然。

三视图的绘制能够使产品的形象更生动，同时单独表现产品的某一部位也能使产品的形态更深入人心。

图2-37 汽车（黄富川）

2.6.2 分解线稿

产品分解线稿主要用于表现不同角度下的产品形态，对于产品中各细节部位也需要进行分解绘制。这样的线稿相对于单体线稿而言，要更注重幅面的稳定性和整洁感，需处理好产品不同部位之间的间距，不可过于杂乱（图2-38～图2-46）。

简单的线条延伸出同种产品的不同类型，同时附上产品的透视图，这对于产品的扩展设计将会有很大的帮助。

绘制产品的配件可以增强产品自身的整体感，这对后期产品的完善也有很大帮助。

短线条的绘制自然却有秩序，能很好地表现出牙刷刷头柔软的质感，且牙刷不同面的阴影和侧重点也有所不同，这使得牙刷的立体感更强。

投影轮廓线能够限定产品投影的范围，排列有序的线条使得投影更具灵性。

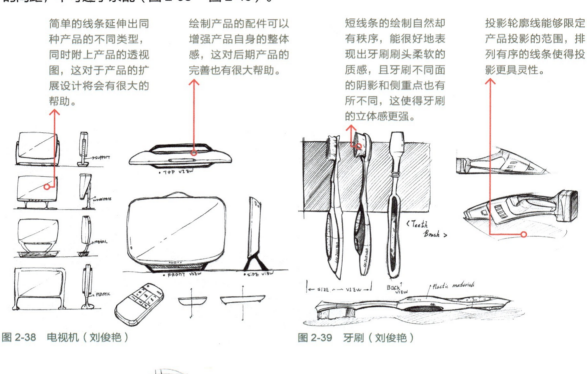

图 2-38 电视机（刘俊艳）

图 2-39 牙刷（刘俊艳）

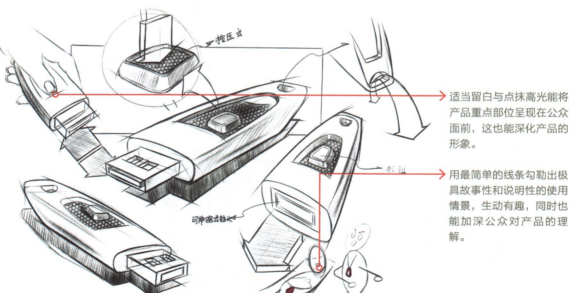

适当留白与点抹高光能将产品重点部位呈现在公众面前，这也能深化产品的形象。

用最简单的线条勾勒出极具故事性和说明性的使用情景，生动有趣，同时也能加深公众对产品的理解。

图 2-40 移动 U 盘（邵梦思）

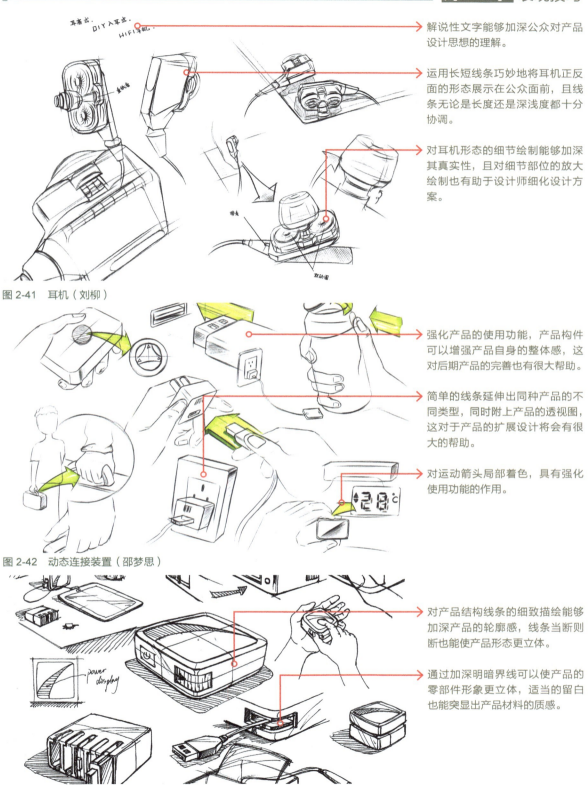

解说性文字能够加深公众对产品设计思想的理解。

运用长短线条巧妙地将耳机正反面的形态展示在公众面前，且线条无论是长度还是深浅度都十分协调。

对耳机形态的细节绘制能够加深其真实性，且对细节部位的放大绘制也有助于设计师细化设计方案。

图2-41　耳机（刘柳）

强化产品的使用功能，产品构件可以增强产品自身的整体感，这对后期产品的完善也有很大帮助。

简单的线条延伸出同种产品的不同类型，同时附上产品的透视图，这对于产品的扩展设计将会有很大的帮助。

对运动箭头局部着色，具有强化使用功能的作用。

图2-42　动态连接装置（邵梦思）

对产品结构线条的细致描绘能够加深产品的轮廓感，线条当断则断也能使产品形态更立体。

通过加深明暗界线可以使产品的零部件形象更立体，适当的留白也能突显出产品材料的质感。

图2-43　方形移动电源

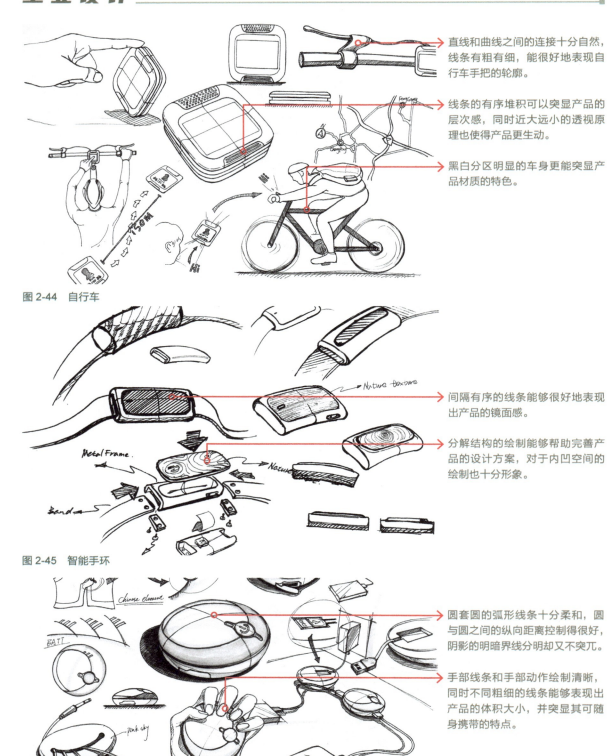

直线和曲线之间的连接十分自然，线条有粗有细，能很好地表现自行车手把的轮廓。

线条的有序堆积可以突显产品的层次感，同时近大远小的透视原理也使得产品更生动。

黑白分区明显的车身更能突显产品材质的特色。

图 2-44　自行车

间隔有序的线条能够很好地表现出产品的镜面感。

分解结构的绘制能够帮助完善产品的设计方案，对于内凹空间的绘制也十分形象。

图 2-45　智能手环

圆套圆的弧形线条十分柔和，圆与圆之间的纵向距离控制得很好，阴影的明暗界线分明却又不突兀。

手部线条和手部动作绘制清晰，同时不同粗细的线条能够表现出产品的体积大小，并突显其可随身携带的特点。

图 2-46　圆形移动电源

第3章 快题创意设计思维

学习难度： ★ ★ ★ ★ ☆

重点概念： 创意设计方法、版式构图、创意过程图表现

章节导读： 设计要想突破常规，获取更好的价值，则必须具备一定的创新性。这一点同样适用于工业设计快题表现，要想获取高分，首先就必须拥有创造性的思维方式，在设计的过程中要以科学、创新的方法为前提，所设计的产品不仅要具备实用性和美观性，同时也要具备创意性，要能给公众留下深刻的印象，这些都需要在快题设计图稿中逐一表现出来。

3.1 具有创意的设计方法

　　工业设计是一项极具创新性、创造性和生产性的脑力活动，快题设计作为阐述工业设计的平面图稿，应清楚阐明工业设计所应用到的创新思维，同时绘图者还需了解工业设计的方法，这样才能在快题图稿中展示出产品的特色。

3.1.1 系统化概念设计

　　工业设计的概念要具有统一性，在选定设计概念时，要综合考虑多方因素，将产品使用人群、功能需求、色彩、材质要求等系统化结合在一起。

1. 沿用设计思维法

　　沿用设计思维法主要包括标准化设计、替代设计、移植设计、专利应用设计、模仿设计、集约化设计等不同的设计方法。

　　（1）标准化设计。标准化设计是指工业产品设计必须遵守一定标准，设计必须要与机械行业生产相匹配，且产品的设计方案必须遵从统一的设计理念。

　　（2）替代设计。替代设计是指在工业产品的设计过程中，用另一种相似的方法或材料来进行产品的设计，以此来增强产品的核心价值（图3-1a）。

　　（3）移植设计。移植设计是指对产品的形态、结构进行移植操作，这是一种创新的方式，由于结构是组成工业产品的重要因素，因此对产品的结构进行移植，有望赋予产品更多的功能。

　　（4）专利应用设计。产品的专利化是必然的结果，专利应用设计就是利用产品专利的法律效应来避免仿制品的产生，这种设计方法也能避免经济损失。

　　（5）模仿设计。这种设计方法能够强化设计者对产品尺度的把握，能够加深设计者对产品色彩、材质、工艺以及构造理念等方面的理解（图3-1b）。

　　（6）集约化设计。集约化设计是产品归纳与统筹的一种体现，这种设计方法有助于突出产品的整体性，降低产品的生产成本。

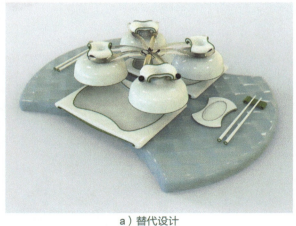

a）替代设计

b）模仿设计

图3-1　沿用设计思维法
↑沿用设计思维法要求设计要在前人的设计基础上有所创新，但大部分设计方式依旧与前人的设计方法相同。

2. 列举法

（1）特征列举法。特征列举法是指确定好产品的系列特征，包括与产品相关的名词特性和形容词特性。确定名词特性是指从产品的材料、结构、设计要素、制作工艺以及生产方法等方面出发列举；确定形容词特性是指从产品的形态、色彩、物理性能及机械性能等方面出发列举（图3-2）。

（2）成对列举法。成对列举法是指通过对比、分析同种产品的不同设计方案，并从中获取产品特征的新定义的一种设计方法，这种设计方法能够很好地促进新产品的产生。

（3）希望列举法。改变传统的设计思维，期望能够从整体和本质上重新设计工业产品，并使其不受传统事物的限制，这种设计方法运用需谨慎且大胆。

（4）缺点列举法。分析产品的形态和结构，从而有针对性地对产品的设计方案进行合理的修正，这种设计方法不会影响到产品的总体特征。

a）具有特征图案　　　　　　　　b）具有特征曲线　　　　　　　　c）具有特征结构

图 3-2　特征列举法应用：色彩椅
↑特征列举法主要是通过罗列和搜索与工业产品设计相关的信息，然后经过思维的发散，更全面和更具逻辑性地进行产品的设计。

3. 分析法

分析法是围绕产品，通过提出问题、分析问题和解决问题来进行设计，这种设计方法能改进产品管理、产品价值分析、产品技术开发等方面的问题（图3-3）。

→ "What"是指设计对象，主要用以分析工业产品的类型、功能、结构以及具体的设计内容等。

"Who"是指工业产品的使用人群，主要用以分析不同使用人群对该产品可能会产生的需求。

"Where"是指设计范畴和工业产品的使用范围，主要用以分析和确定产品的最终形态与最终功能。

"When"是指工业产品的使用区间，包括使用年限和使用时间等。

"Why"是指工业产品的设计意图，主要用于分析产品的设计理念和设计思想。

"How much"是指与工业产品相关的指标，包括产品的规格、市场价格以及实际生产产品的成本和营利率。

"How to"是指工业产品的设计方法，主要用于分析如何更好更全面地进行产品的设计与制作。

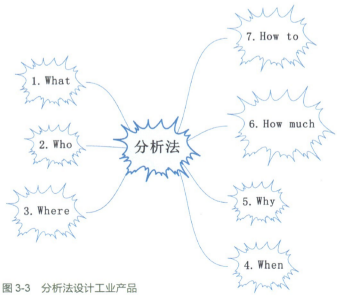

图 3-3　分析法设计工业产品

3.1.2　从生活中提取设计灵感

艺术来源于生活，却又高于生活，工业设计亦是如此（图 3-4）。

1. 积累素材

工业设计最终必将应用于生活中，在生活中积累素材不仅是提升自身审美的过程，同时也是积累设计灵感的过程。这些素材包括日常生活中所能看到的、感知到的所有事物，如水桶、蝴蝶、蚂蚁、水花、脚印等，通过分析这些事物，揣摩其特点，提取它们所具有的特征，从而有所想。

2. 适当借鉴

工业设计产品围绕在我们生活周边，很多优秀产品具有广泛的社会认知。在设计全新产品时可以借鉴优秀产品，从中获得重要且成功的造型元素，对这些元素加以改进，变化出丰富的造型效果。借鉴不同于模仿，更区别于抄袭，需要在原有造型基础上进行优化变换，形成自己的特色。

3. 积累理论知识

大量积累理论知识能够帮助设计者更好、更快、更多地获取灵感，要想有一个好的快题表现图稿，首先需要有一个优秀的设计创想，其次是有良好的手绘表现能力和扎实的文字功底，而这些都可从相关的书籍与日常学习中获取。

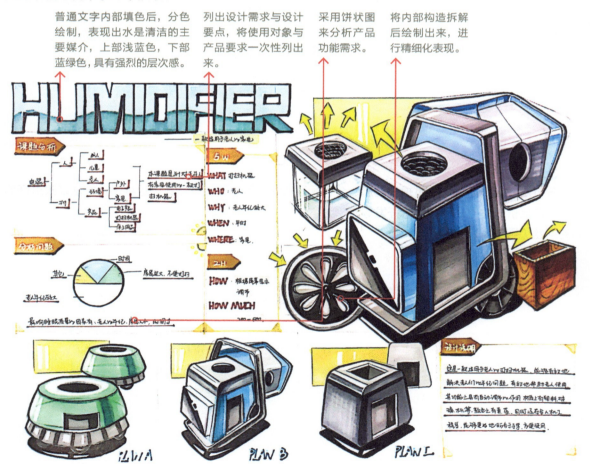

普通文字内部填色后，分色绘制，表现出水是清洁的主要媒介，上部浅蓝色，下部蓝绿色，具有强烈的层次感。

列出设计需求与设计要点，将使用对象与产品要求一次性列出来。

采用饼状图来分析产品功能需求。

将内部构造拆解后绘制出来，进行精细化表现。

图 3-4　老人打扫机器快题设计（邱小轩）

↑老人扫地机器部分结构设想借鉴于传统的扫地工具，但又比传统的扫地工具更具科技感和更便捷，会更适合老人使用。

3.2 版式构图要有条理

工业设计快题表现的版式构图讲求视觉平衡，且画面要有重点，所设计的产品形象要占据主导地位，图面中的所有色调要和谐，要具有节奏感和韵律感。

3.2.1 版式构图基本要求

按照设计要求和排版要求，绘制工业设计快题表现的图稿将会事半功倍。

1. 要保持版面整洁

这一要求主要体现在两点，一是在工业设计快题表现图稿中，要保持单块与单块之间的对齐关系、设计元素与整体框架之间的对齐关系、单块与整体之间的对齐关系；二是版面中要有隐形矩形框和隐形对齐线条，图稿中的文字、色块、效果图等要成组、成体块显示出来（图3-5）。

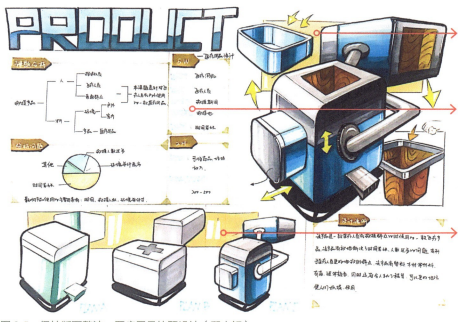

快题图稿版面的整洁还要求图面中的所有内容具备统一性、均衡性和协调性，并具备一定的韵律感。

将分析思维集中在标题下，能提升这部分的重要性，简图与文字的体量感较弱，可以将外部绘制边框轮廓，配上标题形成强烈的体块感，与设计产品形成统一。

三种设计方案位于版面下方，统一应用一块填色底图衬托，让画面效果更具稳重感。

图3-5 保持版面整洁：医疗用品快题设计（邱小轩）

小贴士

爆炸图着色稿的绘制

产品爆炸图着色稿一般是使用马克笔绘制的，它会更着重于表现产品的内部结构，但所绘制的内容相对来说会更丰富，所需要处理的细节部分会更多，如某些电子产品的电路板、电路走向等都会被囊括于其中，绘制时要注意控制好着色范围，不可随意叠色，色彩的明度和纯度也应当合理化。

2. 合理运用色块

一般可以选择产品色或产品的对比色来作为背景色，在工业设计快题表现的图稿中，背景色要少于三种，过多不仅会压制产品的主体色，同时也会使图面显得凌乱。此外，在绘制快题图稿时，还可额外绘制一些小附件来丰富图面的视觉效果，这些小附件的色彩选择可以与产品色相同或相近，涂色时注意控制好色彩的深浅（图3-6）。

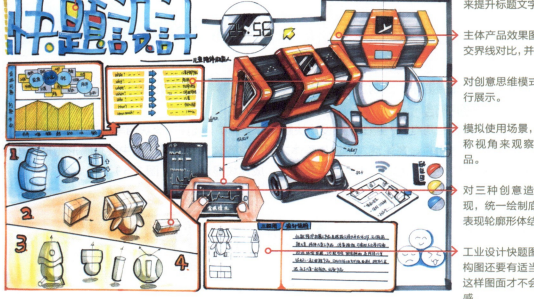

文字笔画间隙处填充色块来提升标题文字效果。

主体产品效果图强化明暗交界线对比，并保留高光。

对创意思维模式与方法进行展示。

模拟使用场景，以第一人称视角来观察并操控产品。

对三种创意造型简化表现，统一绘制底色后直接表现轮廓形体结构。

工业设计快题图稿的版式构图还要有适当的留白，这样图面才不会给人压抑感。

图3-6　色块运用：儿童陪伴机器人快题设计
↑版面中的字体样式最好不要超过三种，字体的色彩可以与产品色为相近色或互补色。

3.2.2　常用快题版面布局形式

工业设计快题表现图稿的版面布局主要有两大特点，即平衡性和逻辑性。平衡性要求图稿中产品所占的比例与设计分析所占的比例要保持平衡，控制好产品尺寸，调节方案的摆放位置；逻辑性要求图稿中的内容具有一定连贯性、流畅性和完整性，且版面格局符合公众的观赏习惯（图3-7）。

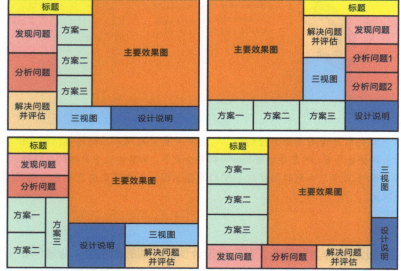

←工业设计快题表现图稿可根据产品体量大小，选择不同的版面布局形式，也可在此版面形式基础上进行更改，可添加其他设计元素，如产品爆炸图、辅助说明人物或图表。

图3-7　版面布局参考

3.3 掌握快题表现要素

工业设计快题表现中的要素主要包括有标题、设计分析故事板、效果图、备选方案图、细节图、使用场景、配色、产品爆炸图与三视图、设计说明及其他辅助元素等。

3.3.1 标题

标题能够直接表现设计主题，标题文字的色彩以及字号的确定要依据最终图稿来定。一般可将标题分为主标题和副标题，主标题的作用在于阐述设计概念，文字内容应当生动，且字号较大；副标题的作用在于深入地解释主标题的内容，并明确设计思想和设计内容，文字内容应当简洁明了，字号可以稍小。

1. 标题的位置

将标题放置于快题表现图稿的左上角，这个区域是公众的第一视觉焦点，可以很好地吸引公众的注意力，还可将标题放置于图稿的右上角，但注意不可竖向放置标题，这样不符合公众的阅读习惯。

2. 标题文字要书写正确

在书写标题时一定要保证标题文字的整齐度和可辨认度，要使标题具备美感和设计感，一般不建议将标题绘制于图稿下方，这样会使图稿的画面感失去平衡，主标题和副标题文字的高度及宽度也应当控制好，文字的色彩应当醒目，且能与图稿的整体色调相协调。在快题设计图稿的绘制过程中，可使用 POP 字体（图 3-8）、黑体或其他艺术字体等（图 3-9）。

空心字的艺术效果来自于粗细不均的文字笔画框。

内部区域可以填涂，与空心文字的白色形成对比。

适当缩小位于中间的文字，与两端的文字形成对比。

图 3-8 POP 字体

←主标题可以选用比较具有视觉冲击力强的色彩，其他文字适合选用比较低调的色彩，这样图稿的主次才会更分明，且主标题还可选用产品色，但要注意与产品形态色彩之间的和谐与统一。

图 3-9 标题应用：情绪球快题设计

3.3.2 设计分析故事板

设计分析故事板可以加深公众对产品的理解，它主要通过绘制图像来实现发现问题、分析问题的作用，绘制应当简单明了，可适当配上一些说明性文字。

1. 人物

人物是指故事中使用该项产品的主人公，主人公形象一般比较简单但很生动，趣味性与指向性比较强（图 3-10）。

2. 情境

情境是指故事发生的背景，包括主人公所处的环境以及当时的心态等，情境说明能够更好引发痛点（图 3-11）。

3. 痛点

痛点是指故事板（图 3-12）中能够使公众产生共鸣的点，痛点可以有效增强产品与公众之间的互动。

图 3-10 人物

↑如果快题设计的时间紧张，可以不着色，不绘制详细的四肢与五官，通过背景形体来表现场景。

图 3-11 情境

↑可以复制场景，稍许变化内容，配上文字，视觉效果会更好。

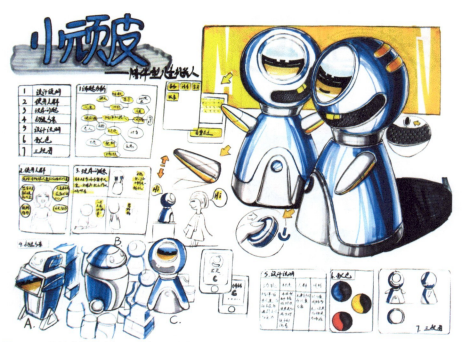

图 3-12 设计分析故事板：陪伴型儿童机器人快题设计

←故事板的作用在于能用讲故事的方式将问题呈现出来，并以此引起公众的共鸣。

小贴士

形体转换的透视练习

形体转换是指从立方体到圆柱之间的转换练习，可利用多种透视方式绘制。在进行形体转换绘制时，要理清两种形体之间的比例关系与透视关系。圆的透视为椭圆形，且圆的透视形状会随着透视状态的不同而不同，要明确椭圆长轴和短轴的交点不在圆心处，椭圆的最长直径和最短直径会在圆的中心处相交。圆心一般在椭圆最长直径的正中心处，且绘制同样需要遵循近大远小，近长远断的透视原则。

3.3.3 效果图

效果图可分为主效果图和辅效果图。主效果图是图稿的视觉中心，是最能表现设计意图和体现手绘功底的部分，在图稿中占的比例较大。主效果图形态的大小可根据图稿幅面的大小进行调整。辅效果图能从不同角度展示产品特色，主效果图与辅效果图的大小应当有所区别，应主次有别，这样图稿的画面层次感才会更强。

1. 主效果图摆放位置

主效果图一般放置在图稿的右上方，这在视觉上和版面布局上都比较合适。需要注意的是主效果图放置在图稿的正中央会显得图面过于呆板，且会削弱其他设计元素的视觉效果。主效果图放置在图稿的四个角落则会影响主效果图的核心地位，对产品设计理念的表达也会有很大影响。

2. 选择合适视角

不同的视角能够带来不同的视觉体验，一般在图稿中产品的视角建议使用45°平角，这种视角的视觉效果比较符合视觉习惯，能充分表现产品的特色（图 3-13a）。

3. 效果图色彩选择

注意所选用的色彩种类不可过多，过多会显得幅面杂乱，且视觉感也会很差，图稿背景色可选择与产品主效果图和辅效果图成对比的色调，这样也能突出产品特色，使产品主效果图色彩更饱满，但要注意控制好色调的明度，以免失真（图 3-13b）。

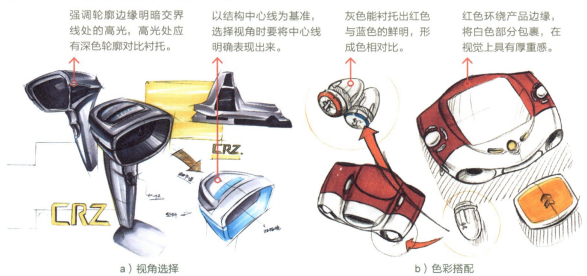

强调轮廓边缘明暗交界线处的高光，高光处应有深色轮廓对比衬托。

以结构中心线为基准，选择视角时要将中心线明确表现出来。

灰色能衬托出红色与蓝色的鲜明，形成色相对比。

红色环绕产品边缘，将白色部分包裹，在视觉上具有厚重感。

a）视角选择　　　　　　　　　　　　　　b）色彩搭配

图 3-13　产品效果图

↑在工业设计快题图稿中还可利用背景色块来衬托主效果图，背景色块既可整合图稿中零碎的画面，也可遮盖住杂乱的线条，获取更好的视觉效果。

3.3.4 备选方案图

备选方案图主要是用于表现设计思路和设计理念，它可以为主效果图提供铺垫作用，绘制多为呈现设计推敲和发展的过程，所选用的色彩也比较单一，除用图像表示外，还可适当增加思维导图，以便于设计师和公众更深刻了解产品的设计过程（图 3-14）。

1. 绘制思路

（1）三选一。这种绘制思路是在图稿中绘制三个不同设计方向的方案，这三种方案所设计的产品形态不同，但其中必有一种形态与产品主效果图中的产品形态相近，则该方案会被纳入到最终的效果图中。

（2）逐一演变。 这种绘制思路是在图稿中绘制三种备选方案，这三种方案是同一种产品形态的不同演变过程，方案中产品的造型相同，但部分细节绘制会有所不同。

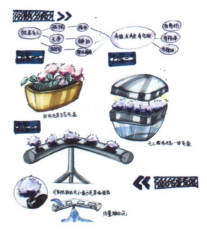

a）推移演变	b）单色表现	c）文字解读
↑备选方案的透视角度应当略显夸张，着色较简单，以灰色调为主，可以通过箭头来表现彼此之间的关联。	↑甚至可以采用单色表现，只要基本形体与明暗关系出来后即可。	↑备选图需要根据设计要求配置文字说明，具体造型色调简单，具有对比度即可。

图 3-14 备选方案图

小贴士

产品结构分析练习

产品结构分析练习主要是产品完整结构绘制练习和拆解结构绘制练习，这种练习能够加深对产品的熟悉度和提高对工业设计快题线稿绘制的熟练度。进行产品结构绘制练习时，要注意细节的体现，要处理好长、短线条，曲线线条，弧线线条等之间的连接，面与面之间的转折处也要做好阴影处理。此外，长期的绘图练习也有利于提高工业设计快题线稿绘制的速度、高效性和准确性，同时也能有效增强设计者对产品材质的表现能力和细节的刻画能力。

2. 绘制要求

（1）备选方案图的绘制需要勾勒出产品的整体形态，并适当深入刻画产品的细节部位。

（2）备选方案图不可破坏整体的画面效果。

（3）备选方案的颜色不可多于两种，一般以浅灰色为主打色，可适量增加些许的彩色，以丰富图面效果。

（4）可选用线框来规整备选方案，必须保证备选方案的独立性，不可将其与图稿中的其他内容相混淆。

图 3-15 为备选方案图在效果图中的应用。

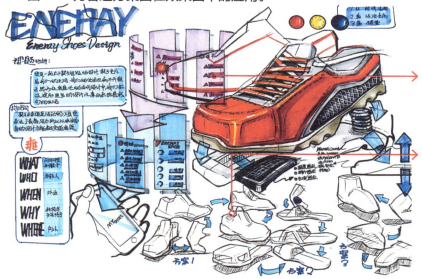

备选方案较多，为了避免主体产品形象孤立，可在主体产品效果图旁设计片状思维分析文字，丰富画面效果。

备选方案的绘制过程是最终方案的推敲及发展过程，同时也是表现设计师对产品形态思考的过程。

图 3-15　备选方案图在效果图中应用：运动鞋快题设计

3.3.5　细节图

细节图主要用于对主效果图的细节部位进行说明补充，要求能够真实反映产品结构形体与功能特色，多为放大化的产品细节图，绘制时要处理好细节图与主效果图之间的从属关系，可使用圆圈、排线或者阴影将细节图与主效果图连接起来。

细节图的色彩应当与主效果图的色彩保持一致，绘制时要处理好细节图与主效果图之间的比例关系，阴影的透视关系也应当处理好。此外，细节图于图稿上的位置也应当规划好，不可过于凌乱，以免影响最终成图的视觉效果（图 3-16）。

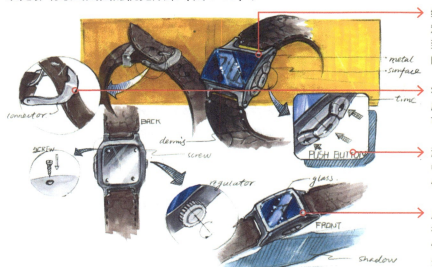

细节图所绘制的内容应当具有一定的功能性和重要性，且能够达到加深公众对产品设计理念理解的目的。

将每个具有复杂造型的局部放大后表现，并指明其主要使用功能，可用文字作辅助说明。

注重表现产品的活动构建，将集中活动形态绘制出来，对活动杆件放大表现。

反复思索几何形体不同视角的透视效果，快速更精确地绘制出几何形体，能依据产品设计图，将多余的辅助线删减掉。

图 3-16　细节图：智能手表快题设计

3.3.6　使用场景

使用场景可用于表现解决问题的过程，同时也可有效表现出产品的操作方式、使用方式和使用环境等。正确的使用场景描绘还能体现出产品与人之间的尺度关系。此外，由于使用场景绘制内容的不同，它还可分为静态场景和动态场景，绘制时要注意控制好场景在图稿中所占的比例（图3-17、图3-18）。

←对使用场景进行模拟，塑造虚拟流程，通过简单线条轮廓来表现思维过程，最终提出解决方案的概念图。对产品的主要功能进行分解，指出其中使用的核心部件，并分析其使用方式。

图3-17　使用场景：多功能容器

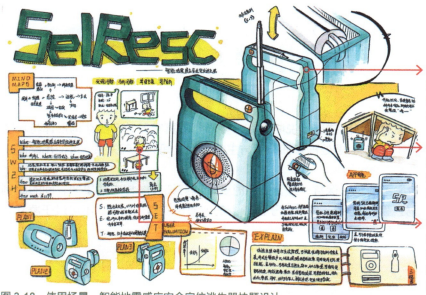

→智能地震感应安全定位逃生器使用场景可选择单幅图呈现和系列图呈现的方式来具体表现产品应用的过程。

使用单幅图呈现使用场景时要能和故事板的形式有比较明显的区别，要能使公众快速地理解产品应用的环境和产品应用的范围。

使用系列图呈现使用场景时，同样需要与故事板有所区分，且系列图的呈现要具备逻辑性和顺序，要保证公众可以顺利阅读，注意所选择的色彩不宜过多。

图3-18　使用场景：智能地震感应安全定位逃生器快题设计

3.3.7　配色

配色方案在图稿中所占比例较小，多用于表现同类产品的其他色彩以及具体色彩的应用，一般会采用透视图或单色形式来表现产品所运用的色彩，配色方案中的色彩要能与图稿主效果图中产品的色彩相统一（图3-19）。

小贴士

色彩与工业设计快题图稿

工业产品依据种类、造型以及功能的不同，所选定的色彩也会有所不同。色彩设计能在视觉上增强公众对工业产品的印象，但必须注意色彩不可过于混杂，以免引起视觉不适。绘制快题图稿时需重点注意配色以及色彩选择的正确性，只有这样，最终呈现的视觉效果才能与设计的目的相符。此外，产品所选择的材料不同，纹理不同，最终上色后的经济效果也不同，在绘制工业设计快题图稿时，要通过对色彩线条的控制来表现出产品的材料特色。

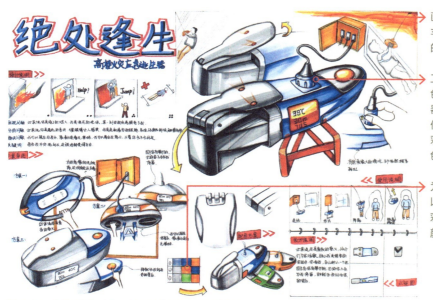

画面边缘表现火焰形态，色彩的
丰富性对整体画面起到氛围衬托
的作用。

工业设计快题图稿中所应用的颜
色不可过多，高楼火灾应急逃生
器一般主基调用冷灰色，主体色
使用红与蓝，形成强烈对比，色
彩纯度和明度可适当提高，辅助
色一般不超过两种。

为了找到更精准的色彩配置，可
以设计魔方色彩格来对比多种色
彩搭配效果。在一件工业产品中
颜色数量一般不要超过三种。

图3-19　色彩搭配：高楼火灾应急逃生器快题设计

3.3.8　产品爆炸图与三视图

1. 产品爆炸图

产品爆炸图在于表现产品的内部结构，绘制难度
较高。产品爆炸图要能够清楚地表现产品的形体和产
品的透视关系，在绘制时可依据情况选择何种方向的
爆炸图，一般有单方向上的爆炸图、双方向上的爆炸图、
三个方向上的爆炸图（图3-20）。

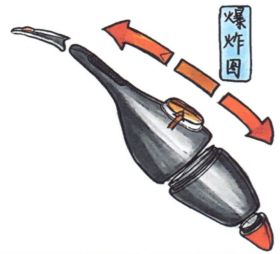

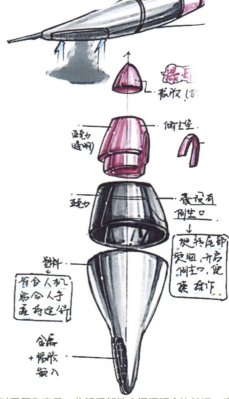

↑强化表现分解箭头与分解方式，指出爆炸后的产品构造，彼此间
仍有联系。

图3-20　产品爆炸图

↑对于复杂产品，分解后部件之间间距会比较远，失去
了原有形态，可以在图面上方补充绘制一个完整形象。

2. 三视图

产品三视图包括正视图、俯视图、侧视图，三视图的顺序应当有理有据，且绘制时要保证产品每个形体结构和基本的细节都能彼此对齐，必要时还可添加基础的尺寸标注，可适当增添色彩，以使图面更饱满（图3-21）。

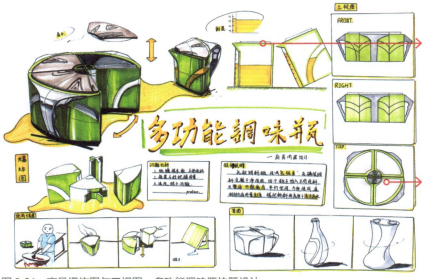

多功能调味瓶整个产品的分解图，也可以是产品某个关键部位的分解图，分解方向可以是沿横向或纵向分解，也可以是沿轴向分解，沿轴向展开的产品爆炸图一般是以45°角展开。虽然绘制有一定的难度，但成品的视觉效果比较别致。

三视图的视角要符合规范，不同视角的产品图排列要符合相关要求；色彩不可过多，以免影响图面的整体视觉效果；如果图面空间合适，可在三视图上标注产品的基础尺寸，并注意产品各部分结构应当对齐。

图3-21　产品爆炸图与三视图：多功能调味瓶快题设计

3.3.9　设计说明

工业设计快题图稿中的设计说明（图3-22、图3-23）意在阐明设计意图，展示设计方案以及传达设计思想，是展示设计者设计思维和设计成果的重要手段。

产品的设计说明形式和内容都比较丰富，包括设计定位、设计理念、用户体验、产品介绍以及产品使用范围等。说明文字应当具备客观性，文字的色彩和比例应当与图稿协调，文字的位置安排应当符合整体排版的要求，字迹应当清晰易分辨，字数控制在 200 ~ 300 字即可。

1. 要点

设计说明的表述要点为产品的外形设计特征、色彩搭配方式、使用功能这三个方面。其可分为三个自然段来表述，也可以合并成一个自然段落来表达，另外可增加一个自然段来总结。

2. 说明符号

部分的设计说明需要依靠引号连接产品需要说明的部位，引线的绘制要符合相关的规范和标准。一般引线采用灰色调，能够起到很好的平衡作用。

底色图框采用浅色能更好衬托文字。

强化边框并绘制双线对文字进行围合。

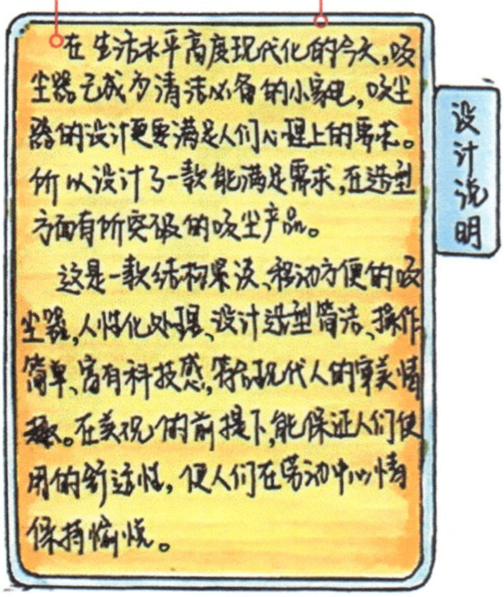

设计说明

在生活水平高度现代化的今天，吸尘器已成为清洁必备的小器具，吸尘器的设计更要满足人们心理上的需求。所以设计了一款能满足需求，在造型方面有所突破的吸尘产品。

这是一款结构复杂，移动方便的吸尘器，人性化处理，设计造型简洁，操作简单，富有科技感，契合现代人的审美情趣。在美观的前提下能保证人们使用的舒适性，使人们在劳动中心情保持愉悦。

图3-22　文段式设计说明

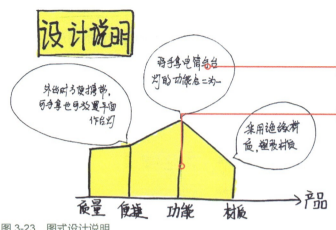

图 3-23　图式设计说明

气泡图中的文字说明更具有指向性，能精准定位需要说明的部位。

简图能表现出说明信息的重点。

3. 编写内容

编写设计说明是很多设计者的弱点，图 3-24 和图 3-25 中均列出了产品的设计说明，分析其写作方法。

设计说明分为三个层次表述。首先，提出设计产品的主要名称与功能，强化设计价值与社会意义。其次，介绍产品的使用功能，并强化特色。最后，讲述主要选材的品种、规格，并指出市场价值。

→设计说明：

本设计以鱼缸和花盆结合，为独居老人设计一款适用于陶冶情操的娱乐产品。独居老人常容易感到孤独、无趣。通过种养植物、培育鱼类，使老人有了宠物陪伴。老人看着它们生机勃勃，心理会感到慰藉，对生活充满希望。这款生态一体的养殖器，可单层栽培植物，可养鱼，还可多层叠加。上方带有照明和喷水功能，具有较好的观赏价值，是集功能与情感化设计于一体的娱乐产品设计。该产品采用 5mm 厚有机玻璃材质制作，底座采用 2mm 厚铝合金型材，具有一定强度，可承载水箱重量，可自动换水、增氧，且可根据室内外环境的光照度开启照明灯具，节能环保。

图 3-24　养殖器效果图

图 3-25　设计说明：空气清新器快题设计

←设计说明一般需兼具可读性和整体版式协调性，可放置于标题的正下方，也可放置于图面的左下角或右下角，最终设计说明位置的选择还是需要依据图稿的内容来定。

3.3.10 其他辅助元素

快题设计图稿中的辅助元素多为点、直线、阴影、箭头等具有指向性和连接性的图形，主要用于连接图稿中的图像和文字。绘制辅助元素时要注意色彩的统一性，同时辅助元素的类型也要依据图稿的构图元素来定，辅助元素必定需要与整体图稿相契合（图3-26）。

蓝边白底的气泡充满趣味性，它和波浪线一样可以使人联想到抽水马桶应用的场所，同时白色的泡泡还能使人联想到洁净、清洗等词，这种形式的表达可以很好地帮助公众理解产品的设计意图。

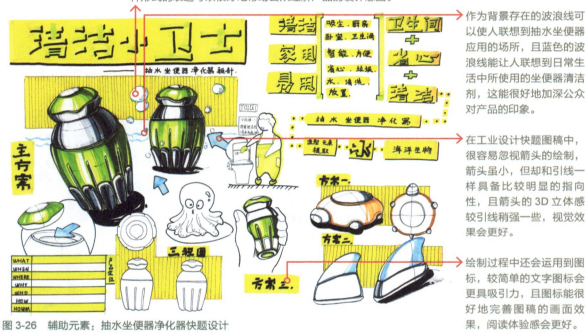

作为背景存在的波浪线可以使人联想到抽水坐便器应用的场所，且蓝色的波浪线能让人联想到日常生活中所使用的坐便器清洁剂，这能很好地加深公众对产品的印象。

在工业设计快题图稿中，很容易忽视箭头的绘制，箭头虽小，但却和引线一样具备比较明显的指向性，且箭头的3D立体感较引线稍强一些，视觉效果会更好。

绘制过程中还会运用到图标，较简单的文字图标会更具吸引力，且图标能很好地完善图稿的画面效果，阅读体验感会更好。

图 3-26 辅助元素：抽水坐便器净化器快题设计

3.4 重点注意事项

绘制图稿时要注意细节，在绘制时注重练习方法，需要多次练习薄弱环节。挑选一批优秀快题作品进行临摹，建立属于自己的考试模板，反复练习模板，将图面中的设计细节不断完善，充实图面设计元素。

3.4.1 强化快题表现练习

1. 多临摹

临摹优秀作品是一种快速提升表现技法的捷径，站在他人优秀作品的高度，审视自己的缺点，能得到快速提高。

临摹在于分析作品绘制所选用的技法有何特点，设计者能通过临摹和分析优秀作品，从中提取精华，并运用到自身绘制的作品中。这种临摹和分析的过程也能提高设计者对作品的审美，能够使设计者认识到自身绘制能力的不足，并能以此为借鉴，进一步完善自身表现水平（图3-27）。

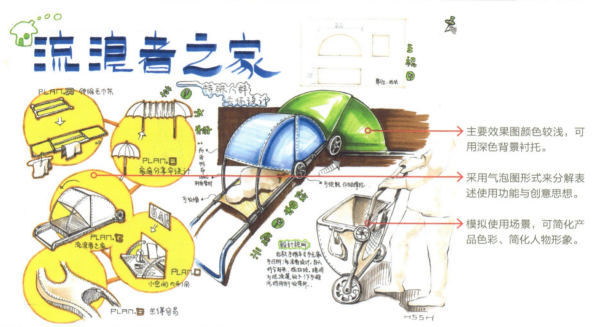

主要效果图颜色较浅，可
用深色背景衬托。

采用气泡图形式来分解表
述使用功能与创意思想。

模拟使用场景，可简化产
品色彩、简化人物形象。

图 3-27　临摹作品：特殊人群关怀产品快题设计

↑初期临摹可以选择图面较简单的作品，分析其中的组成元素，在临摹的基础上可以加入自己的创意与改良方案，提升临摹
作品的档次，同时也能提高自信心。

2. 做好分部练习

一份完整的工业产品快题设计所包含的内容较多，在绘制练习过程中，可以将其拆解开来，并有
针对性地进行练习。例如，针对标题，可尝试使用不同大小、不同字号的字体进行绘制；针对设计分
析故事板，可尝试使用不同的故事表现形式来提出与产品设计相关的问题等。

3. 有逻辑地绘制

由于快题设计幅面有限，要使幅面整体视觉上具备整洁感，绘制的顺序就不可过于凌乱。在绘制
之前，应当确定好绘制的顺序，并考虑设计的每一部分所占的比例，应当将其放置于图幅的何处，整
体图稿是否能够协调等问题。

4. 了解配色知识

工业产品设计快题表现的绘制和着色稿一样，都要注重配色。在日常练习过程中，可以选用不同
的色彩进行产品外观的绘制，这不仅有助于加强对色彩配色的理解，同时也能提升设计者对色彩的感
知。

5. 分析自己的作品

分析自己优秀的作品，从中找出绘制的缺陷。例如，分析绘制的透视问题是否正确，绘制所选用
的配色是否合理等。不断反思能够使设计者认识到设计所存在的问题，这不仅能够完善后期的产品设
计方案，同时也能在不断的练习中提高自身的绘画能力，并创造出能被大众认可的作品。

手绘快题设计要求幅面内容丰富，但又能简单、明了地表达出设计意图，能够使大众清楚认识
产品的各项功能与使用价值。除此之外，在绘制工业产品快题设计时要注重细节的体现（图3-28、
图3-29）。

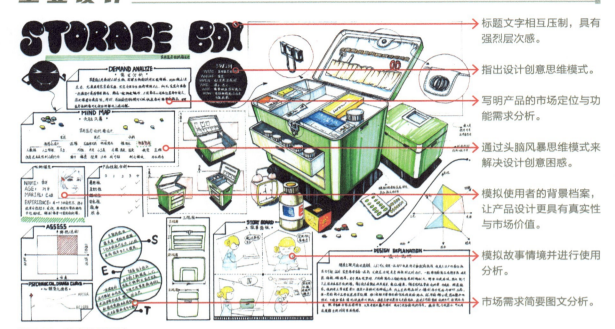

标题文字相互压制，具有
强烈层次感。

指出设计创意思维模式。

写明产品的市场定位与功
能需求分析。

通过头脑风暴思维模式来
解决设计创意困惑。

模拟使用者的背景档案，
让产品设计更具有真实性
与市场价值。

模拟故事情境并进行使用
分析。

市场需求简要图文分析。

图 3-28　药盒快题设计

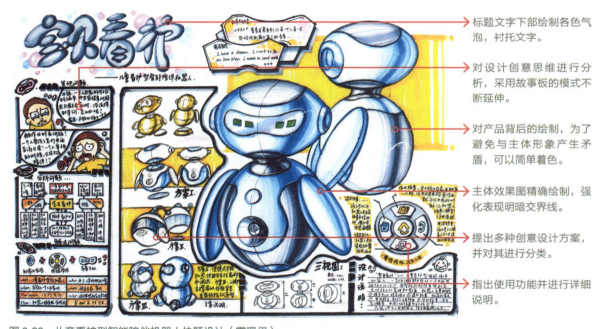

标题文字下部绘制各色气
泡，衬托文字。

对设计创意思维进行分
析，采用故事板的模式不
断延伸。

对产品背后的绘制，为了
避免与主体形象产生矛
盾，可以简单着色。

主体效果图精确绘制，强
化表现明暗交界线。

提出多种创意设计方案，
并对其进行分类。

指出使用功能并进行详细
说明。

图 3-29　儿童看护型智能陪伴机器人快题设计（霍珮伊）

小贴士

仿生借鉴

　　设计者通过对身边事物的观察，将生活中的植物和动物的形象进行再次深化，并将其运用到工业产品的设计中，使其形象充满趣味性。生活中的植物或动物能够为工业产品的设计提供千变万化的形体、五彩缤纷的色彩、各具特色的质感和肌理等。仿生借鉴能帮助设计者更好理解节奏与韵律的关系，能够赋予工业产品更多的设计美感和结构美感。

3.4.2 合理安排细节

1. 避免浪费空间

在绘制工业产品设计快题表现时，要控制好不同设计内容在图稿中所占的比例，可以适当留白（图3-30），这样不仅可以平衡图幅的画面感，同时也可以合理地利用图幅的空间面积，对于连接产品各结构也有很大的益处。此外，布置合理的图幅在整体视觉感官上也能给予大众一种美观、舒适的感觉。

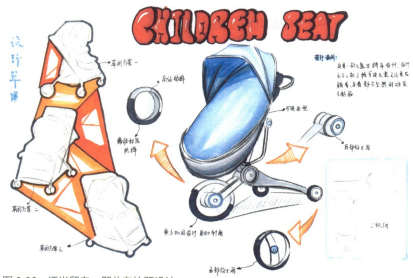

图 3-30　适当留白：婴儿车快题设计

←留白的区域尽量分散，或将主体产品放大表现，配置必要的文字说明。在时间比较紧张的条件下，可以不对产品设计稿全面着色，或少着色，重点表现形体结构，强化外部轮廓边缘，较简单的产品形态选色配色会很单一，可以在思维创意图稿中选用底色来丰富画面效果。

2. 体现透视感

体现透视感主要是为了增强产品在二维平面图纸上的立体感，同时也是为了丰富工业产品设计快题表现图稿的画面感。在绘制之前，要确定好绘制所选用的透视方法，要厘清产品不同部位的透视关系，要着重注意不同方向的光源对产品透视的影响等（图3-31）。

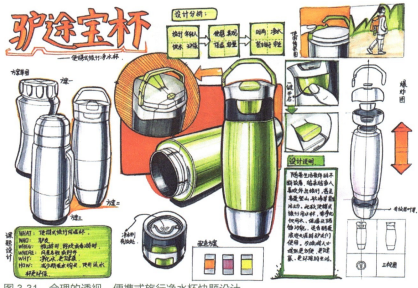

图 3-31　合理的透视：便携式旅行净水杯快题设计

←圆柱形体构造的透视比较简单，可以将形体前后错开表现，强化外部边框轮廓。

3. 注意确保细节的合理性

工业产品设计快题表现的存在是为了更形象、生动地展示产品特色，产品的设计方案是绘制工业产品设计快题表现最基础的参考材料之一。在绘制之前，应当仔细检查产品的设计方案和设计图纸，包括产品的三视图、线稿图、效果图以及相关设计说明等。

4. 强化图纸的设计感

工业产品设计快题表现图稿需要具备一定的设计感，这是迎合现代文明和时代潮流的重要体现，具备设计感的快题表现图稿能够在完整展示设计方案的同时还能够有所创新，能够在色彩、质感以及图面布置等方面给人耳目一新的感觉。

3.4.3 保持图面整洁

1. 线条绘制分明

在绘制工业产品设计快题表现图稿时，所绘制的线条应当粗细分明，线条和线条之间的连接应当流畅无断裂，不可有过多的杂线存在于图稿上，且产品在不同细节部位和阴影处所用线条的粗细和深浅也应当有所区别。

2. 配色使人舒适

色彩对最终形成的视觉效果有很大的影响，图稿的配色除满足现实情况外，还要能清晰表现出产品的质感，同时不同色彩在图稿中所占的比例也应当合适，一般不使用过于艳丽的颜色，这种色彩会使人忽视设计重点，使幅面稍显杂乱。

3. 标注应当准确

标注包括文字和尺寸。文字主要包括设计总说明与设计分部说明，总说明应放置于图幅的中心处或右下方等位置，分部说明会用引线标明。说明中的文字应当字迹清晰，能够简明有序地对产品进行解说，且连接说明与产品分部的引线也不可过粗，这样会影响最终的图幅效果。尺寸标注则一般出现在三视图中，只做简要说明即可，注意文字与说明文字的统一性和协调性。

图 3-32 为滚动式洗衣机快题设计。

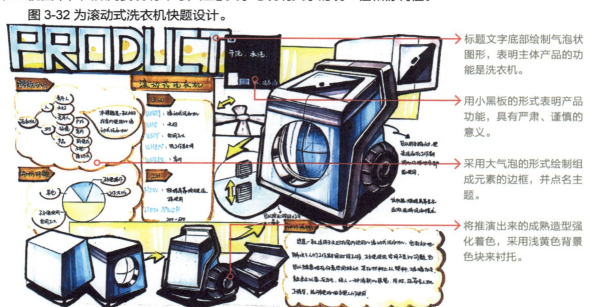

标题文字底部绘制气泡状图形，表明主体产品的功能是洗衣机。

用小黑板的形式表明产品功能，具有严肃、谨慎的意义。

采用大气泡的形式绘制组成元素的边框，并点名主题。

将推演出来的成熟造型强化着色，采用浅黄色背景色块来衬托。

图 3-32　图面简洁：滚动式洗衣机快题设计（邱小轩）

3.5 快题解析：设计要素表现

整个工业设计快题图稿的完成需要耗费一定的时间，为了更好表达设计意图，一定要进行大量的图稿绘制练习，对于快题设计中的各元素也应当牢固掌握。

3.5.1 智能除螨仪快题设计

智能除螨仪主要用于清除螨虫和螨虫的过敏源，可用于居家、旅行、出差、车载等环境（图3-33）。

拆解产品内部结构，分点进行讲解，使公众能够更深入的了解产品所具备的使用功能和性能，同时配以故事性小图，以此使产品的形象更深入人心。

黑底白字，鲜明的对比使得产品的使用说明不会被忽视掉，同时渐变黑的背景也不会对公众的视觉神经产生刺激，与图稿的整体色调也比较搭。

橘色给人以温暖、安全的感觉，红色则给人以警醒之意，这两种色调的搭配很好地阐述了除螨仪所要表达的设计含义，同时灰色作为中性色，也能很好的调和产品的整体色调。

图3-33 智能除螨仪快题设计（邵梦思）

 小贴士

工业产品设计效果图的种类

工业产品设计效果图主要分为两类，即构思草图和产品效果图。构思草图产生于工业产品设计初期，用于表现产品策划过程和造型设想过程，比较简单；产品效果图则产生于工业产品设计的最终阶段，主要用于表现产品设计的造型研讨结果，可分为概略效果图和最终效果图。除此之外，用于表现工业产品设计基本概念的还有产品形态草图、产品局部特征图、产品细节图、产品使用环境图、产品使用说明图、产品爆炸图、产品三视图等。

3.5.2　扫地机快题设计

扫地机在未来会越来越智能化，造型也会更具趣味性和美观性，功能也会越来越多（图3-34）。

三视图能够帮助公众更好地理解产品的设计理念，将其与设计说明置于图稿的最后一行，并遵从公众从左至右的视觉移动习惯。

红色能使产品的结构突显出来，适当的留白和黑色的叠加又能很好地平衡红色带来的浓烈的艳丽感，这也能使产品的整体色调比较稳定和均衡。

说明文字也简单明了，既便于公众阅读，图稿也不会显得过于凌乱。

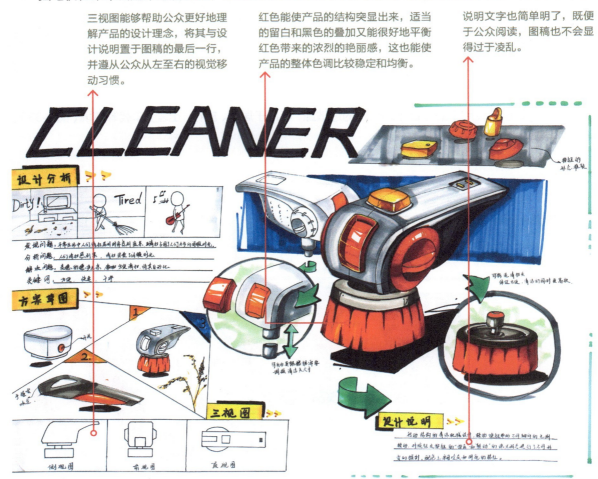

图 3-34　扫地机快题设计（黄慧婷）

第4章 快题设计表现方法

学习难度： ★★★☆☆

重点概念： 参考图、线稿、浅色打底、深度上色、细节处理

章节导读： 工业产品设计的绘图过程是技术与艺术的完美结合，同时也是突破时代限制，融合多种学科的过程。优质手绘快题图稿可以很好地表现设计者的设计意图，能有效提高设计师表达工业产品设计方案的能力，多观摩优质的快题作品，分析并研究快题表现的步骤，这将有效提升设计师的手绘能力和着色技法能力。

4.1 表现步骤的逻辑

有逻辑、有条理地绘制产品快题设计是获取高分的关键，这要求考生必须具备足够的耐心和较强的观察能力。

4.1.1 线稿绘制主次分明

1. 分析设计方案

根据工业产品设计方案，分析出产品的具体形态，并仔细观察，研究其整体轮廓为何种几何体，结构与结构之间如何连接，并对其产品形态特征进行分析。

2. 绘制线稿总框架

快题图稿的绘制同样需要以线稿为底稿；绘制工业产品总框架的线稿图时，应当选用轻笔触；绘制之前应当选定好透视视角，绘制时要注意控制好产品各构件之间的透视关系和比例关系，可适量使用辅助线。

3. 绘制结构

产品快题的整体框架绘制完成后，应当继续绘制产品各个部位结构与快题设计所包含的其他内容。绘制之前要明确产品的组合、拆分方法，适当选用中心线和截面线来表现面的凹凸起伏变化，强调结构的对称感。

图 4-1 为快题设计手推车线稿。

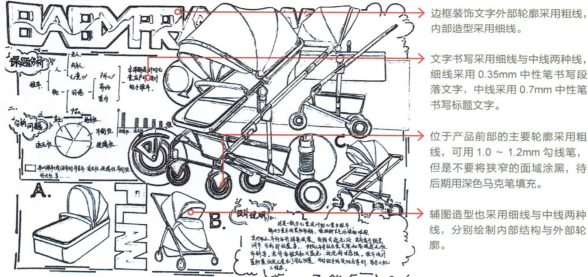

边框装饰文字外部轮廓采用粗线，内部造型采用细线。

文字书写采用细线与中线两种线，细线采用 0.35mm 中性笔书写段落文字，中线采用 0.7mm 中性笔书写标题文字。

位于产品前部的主要轮廓采用粗线，可用 1.0 ~ 1.2mm 勾线笔，但是不要将狭窄的面域涂黑，待后期用深色马克笔填充。

辅图造型也采用细线与中线两种线，分别绘制内部结构与外部轮廓。

图 4-1 快题设计手推车线稿

↑快题线稿绘制完成后要仔细检查是否有遗漏项，然后擦除辅助线，保持图面的洁净，准备接下来的着色工作。

4.1.2 分层次色彩叠加

1. 选择合理的配色方案

在着色之前，为了达到更好的视觉效果，也为了产品不失真，应当考虑清楚该产品可能会运用到何处，何人会使用该产品，使用该产品时会与哪些产品搭配，这些用于搭配的产品色彩又该如何选择等。

2. 叠加色彩

着色时应当先绘制底色，然后在此基础上进行色彩叠加。注意控制好色块比例问题，涂色时注意不要超出产品轮廓线，以免使画面凌乱不堪。

3. 绘制细节

细节绘制要求必须处理好主、辅效果图，厘清主、次标题之间的从属关系，并注意配色的合理性，对于引线运用和文字高度的控制也应当符合整体图面的视觉审美。

4. 整体调整

整体调整是为了获取更好的视觉效果，以及使工业产品能在二维图纸上表现出三维立体效果，使快题图稿能够更准确地将设计者的设计思路和设计方案展示在公众面前。

图 4-2 为快题设计手推车着色稿。

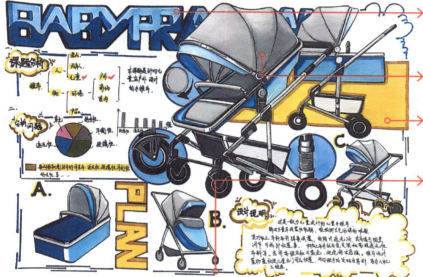

标题文字分深浅两种颜色，并在顶部边缘采用白色中性笔表现高光，强化体积感。

灰色主体表面用 2 到 3 种不同深浅的灰色来表现体积感。

黄色底图的功能是衬托主体产品，背景色彩应当与主体产品色彩有一定区分，但是不宜对比过强。

各图形之间具有一定分界，不必采用全实线，分界线条设计应当有变化。

←产品快题设计图稿能够将产品的众多信息囊括至一幅图稿中，在绘制时一定要注意控制好图面中各元素的比例关系。

图 4-2　快题设计手推车着色稿

图 4-3 为产品快题设计的线稿和着色稿。

↓铅笔绘制基本轮廓时不必特别在意细节，后期着色时还会采用绘图笔绘制轮廓。因此，铅笔可以采用较硬的型号，如3H、4H 等。下笔要轻，以便随时可以擦除错误的轮廓。

最初提出 4 种不同的设计方案，选择其中一种深化设计。

强化底部投影，选用黑色来表现，能衬托灯光投射形态。

模拟使用情景，指出产品的设计难点与特色。

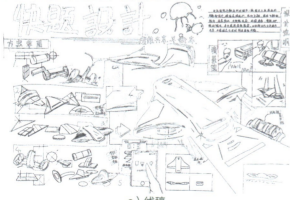

a）线稿

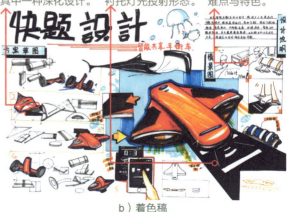

b）着色稿

图 4-3　产品快题设计（黄慧婷）

4.2 线稿表现方法解析

手绘表现是工业产品设计者必须具备的能力，线稿是设计者用于表现产品特色的基本形式，线稿能展现产品的结构和造型，后期着色稿、快题设计均是在此基础上发展而来。在线稿绘制过程中必须确保透视的准确性和线条的灵活性，这将会使工业产品的立体感深入人心。

4.2.1 智能物流小车

智能物流小车是未来理想的物流工具，它主要表现的是人类对未来物流车的追求，这类车型的创意性和趣味性都十分不错，主要用于产品研究开发和开发试验。在绘制线稿时，要从不同的视角绘制车型及车结构，线稿幅面要整洁（图4-4）。

a）参考图

明暗交界线处采用较软铅笔侧锋绘制，形成较深的对比。

阴影处采用较长的线条排列，并保持平行。

将暗藏在内部的轮子单独表现，绘制出具体形态。

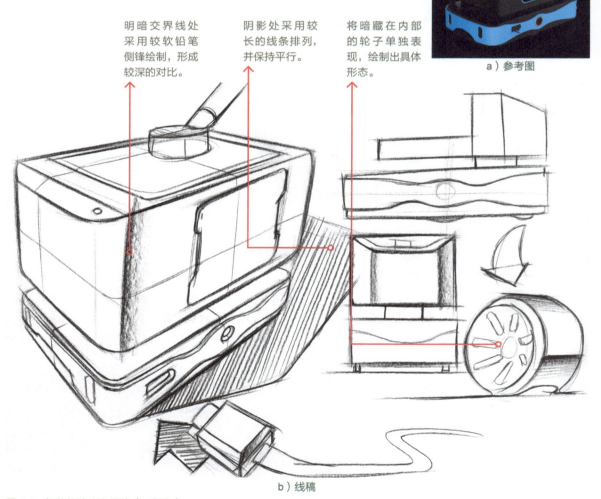

b）线稿

图4-4 智能物流小车线稿（王毅力）

线条类型

1. 轮廓线。轮廓线主要指区分工业产品前后形体之间、背景之间的分界线。

2. 分型线。分型线是指工业产品不同结构部件与不同材料连接所产生的缝隙线。

3. 结构线。结构线是指工业产品不同面与面之间的转折线，这种转折分界线有虚实之分。

4. 截面线。多为辅助线，并不真实存在，截面线可以很好地表现出产品不同面之间的转折与过渡。

4.2.2　烤面包机

　　烤面包机的设计要求具备创意性、安全性、美观性及实用性等性能。设计需要研究以往烤面包机的特点，除去产品外形特征外，对于结构也必须了解透彻，绘制线稿时要表现出具体结构与使用功能（图4-5）。

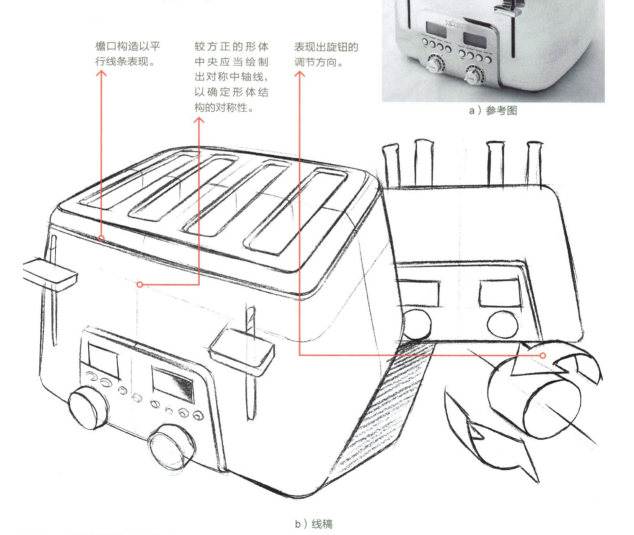

檐口构造以平行线条表现。

较方正的形体中央应当绘制出对称中轴线，以确定形体结构的对称性。

表现出旋钮的调节方向。

a）参考图

b）线稿

图4-5　烤面包机线稿（王毅力）

4.2.3 VR 眼镜

VR 眼镜的设计具有美观性和趣味性，以及舒适性和智能性，其线条表现应当更灵活，要做好曲面、弧面的处理（图4-6）。

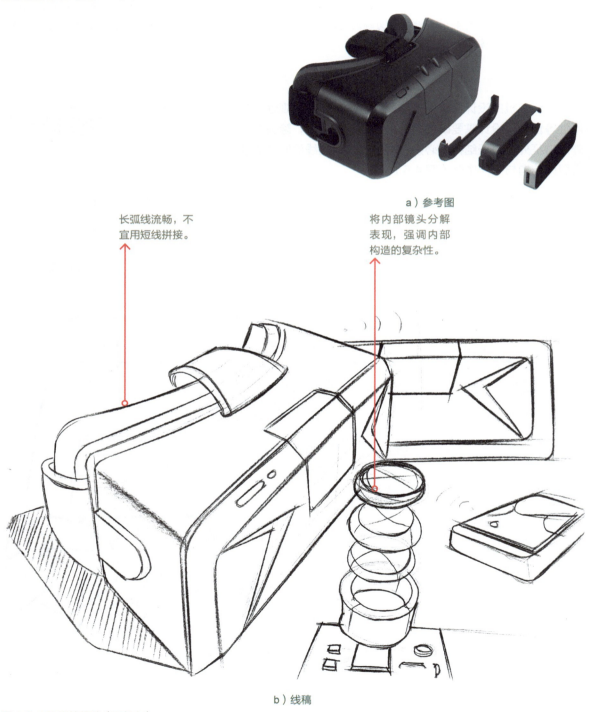

长弧线流畅，不宜用短线拼接。

a）参考图
将内部镜头分解表现，强调内部构造的复杂性。

b）线稿

图 4-6　VR 眼镜线稿（王毅力）

4.2.4 咖啡机

咖啡机多以便携、简洁的造型为主，外形一般较轻巧，其设计多注重美观性和智能化。咖啡机能够为公众带来更便捷的咖啡体验，应用线条比较丰富，样式也比较新奇、有趣（图 4-7）。

a）参考图

在形体结构中央的背景处绘制色块，运用倾斜线条排列覆盖，衬托出主体造型的亮部。

对造型结构进行分解，充分反映出使用方法。

绘制索引框，为后期编写简要说明做准备。

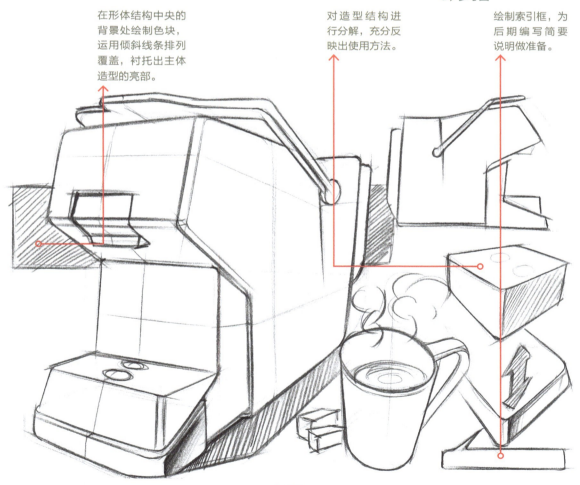

b）线稿

图 4-7 咖啡机线稿（王毅力）

4.2.5　投影仪

　　投影仪应用范围较广，设计要求具备美观性、小巧性和智能化等特征。投影仪能够为公众带来较好的影音效果，且分类较多。在绘制投影仪线稿时要分析其形态及设计细节，处理好投影仪各结构之间的透视关系（图4-8）。

a）参考图

将显示屏上的按钮图形索引后放大表现。

亮部转折采用软铅侧锋表现出明暗交界线。

表现出 HDMI 插头连接构造，展示视频扩展功能。

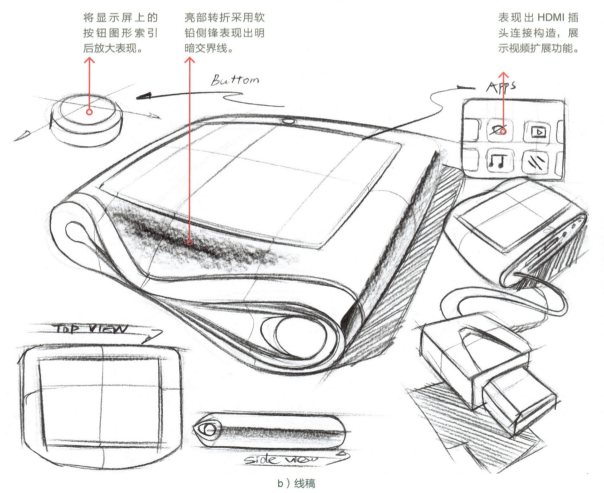

b）线稿

图4-8　投影仪线稿（王毅力）

4.2.6 智能手表

　　智能手表包含的功能较多，如通信功能、照相功能等。在绘制智能手表时应当先确定主轮廓，然后在此基础上进行扩展。智能手表按键与表带细节处的结构应当细致，要注意与表身区分开来，表带弧形应流畅自如（图4-9）。

a）参考图

表面显示屏部分排列斜线，强化反光效果。

对表带造型细致刻画，具有体积感。

换个角度表现手表形态，从多角度来体现。

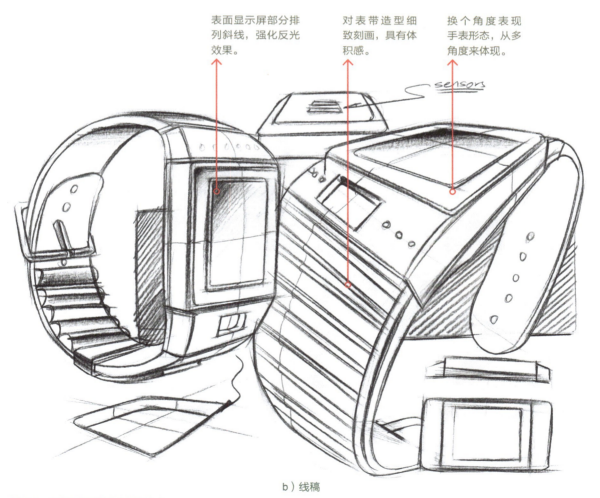

b）线稿

图4-9　智能手表线稿（王毅力）

4.3 着色稿表现方法解析

美轮美奂的色彩能够为工业产品设计增添更多的美感。在进行产品着色稿的绘制时，一定要把控好下笔力度，要能保证图面的整洁，产品轮廓周边应当没有烦琐且徘徊不定的线条。

4.3.1 智能定位器

智能定位器可用于老人、小孩、成人，既具有美观性，也具备安全性，部分定位器还适用于宠物。智能定位器的设计要考虑到轻巧易携带的特点，且需要与 GPS 定位系统相结合。绘制智能定位器的着色稿时应当依据设计方案所设定的色系来着色，所选用的色彩要能与智能定位器的材质相符，对于弧面着色应当仔细，且有耐心（图 4-10）。

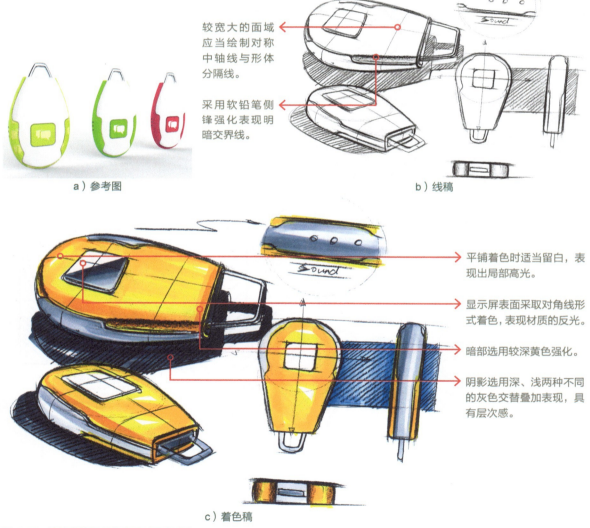

较宽大的面域应当绘制对称中轴线与形体分隔线。

采用软铅笔侧锋强化表现明暗交界线。

a）参考图

b）线稿

平铺着色时适当留白，表现出局部高光。

显示屏表面采取对角线形式着色，表现材质的反光。

暗部选用较深黄色强化。

阴影选用深、浅两种不同的灰色交替叠加表现，具有层次感。

c）着色稿

图 4-10 智能定位器着色表现（王毅力）

4.3.2 无人机

无人机主要是利用无线电遥控设备进行操纵，要注意飞机四边旋转翼细节部位的着色，注意区分亮面和暗面，并适当留白（图4-11）。

a）参考图

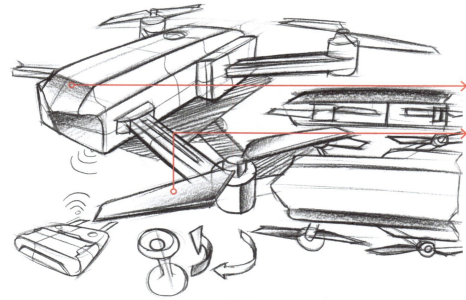

深色产品的固有色可适当加深暗面与明面交界线。

螺旋桨过渡斜面比较缓和，软铅侧面绘制具有韵律变化。

b）线稿

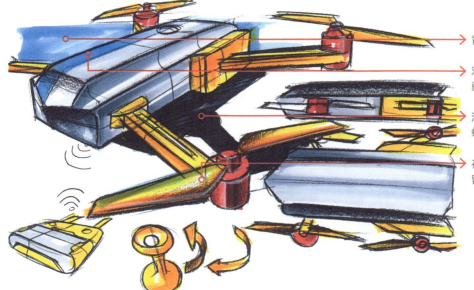

背景色块反映出天空。

对天空环境色的反映比较弱，但是也要有所表现。

深灰色投影能衬托出黄色螺旋桨。

在圆滑的转角面上适当保留高光。

c）着色稿

图4-11 无人机着色表现（王毅力）

4.3.3 智能药箱

　　智能药箱可用于放置药品，也可通过与其相匹配的设备或软件来达到提醒患者按时服药的目的。智能药箱的设计一般包括药杯仓、灯带提示区、扬声器、LED液晶显示屏以及开盖开关等。智能药箱的着色稿要能体现金属质感，同时色彩的运用也能给人高端的感觉（图4-12）。

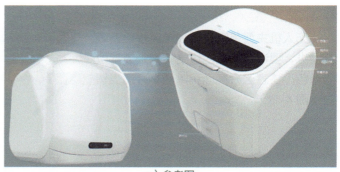

a）参考图

细处的构造线保持平行，线条果断且具有力度。

在产品受光面外部绘制色块来衬托受光面。

b）线稿

马克笔运笔整体连贯，适当保留飞白，后期再用浅色覆盖一遍，使色彩要弱于高光。

显示屏表面的反光色彩要深，但不能过于孤立，缓和渐变到边缘。

适当过渡到反光，为深色投影奠定基础。

黄色的遮盖力比较弱，因此选定2到3种颜色，从浅到深依次平涂，形成柔和的过渡渐变。

c）着色稿

图4-12　智能药箱着色表现（王毅力）

4.3.4 咖啡机

　　咖啡机产品分类众多，如运用于家庭的小型咖啡机和运用于餐饮空间中的商用咖啡机等。这类产品设计比较复杂，需要考虑外形、功能、内部供电以及安全等因素。多绘制三视图，这样会更有利于设计的完善（图4-13）。

a）参考图

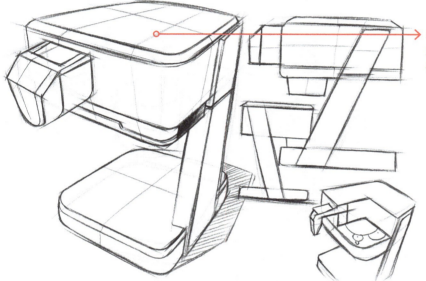

b）线稿

非对称构造也要绘制轴线，根据主体结构的形态来确定轴线的所在位置。

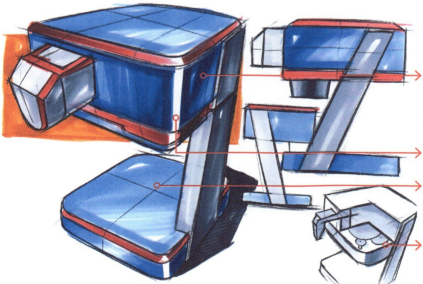

c）着色稿

蓝色的显色性不是很强，一般可选用一种蓝色来表现产品的固有色，如需要加深，可以选用灰色叠加覆盖。

转角高光保留空白，不做填涂。

较方正的平面着色可以先环绕一圈运笔，再沿对角线平涂，在对角处形成留白反光。

剖面图可采用灰色简单表现，只平涂暗部即可。

图4-13　咖啡机着色表现（王毅力）

4.3.5　清扫机器人

清扫机器人指能沿着规定的导引路线行驶，且能够清扫地面的智能机器人。这类智能小车的着色稿同样需要利用色彩表现出金属材质的质感，同时对于重点部位以及弧面的着色等也要格外注意，曲面与曲面之间的转折面也应做好基础明暗处理（图4-14）。

a）参考图

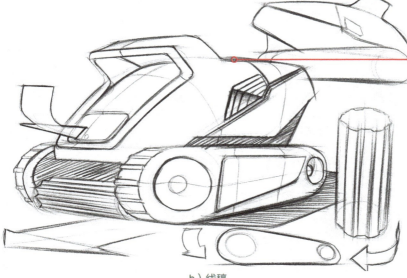

→ 主体弧线造型可以适当加粗，表现出形体的过渡变化。

b）线稿

→ 橙色背景在主体产品上的反映要比较明显，但仅存在于局部。

→ 位于侧面的倾斜弧型表面，属于明暗交界线，颜色最深，能表现凸出的构造形体。

→ 将产品中最核心的配件分解后单独表现。

→ 适量使用宽箭头来表现产品的运行方式。

c）着色稿

图4-14　清扫机器人着色表现（王毅力）

4.3.6 蓝牙音箱

蓝牙音箱多以便携音箱为主，外形一般比较轻巧，其设计多注重美观性和智能化，蓝牙音箱能够为公众带来更立体的音乐体验。其主要是以蓝牙连接取代传统线材的连接，使用比较方便快捷，应用色彩比较丰富，样式也比较新奇、有趣（图4-15）。

a）参考图

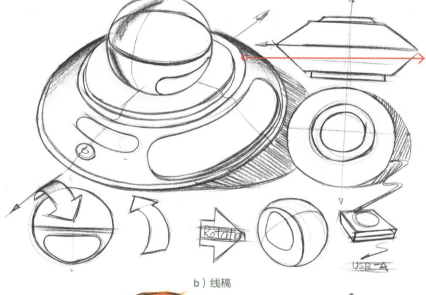

产品形体圆弧度较大，且弧线较多，可以通过视点来准确校正圆弧的形态来表现。

b）线稿

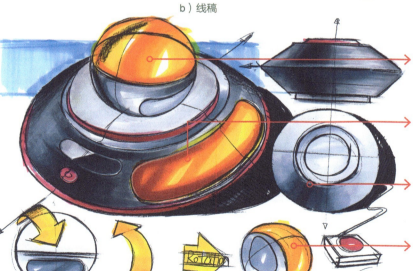

全受光面的球体表现起来是最难的，需要采用深色反光将高光分解为两部分，才能丰富画面效果。

圆环形侧面采用倾斜运笔，中间过渡变化可适当断留出亮面，形成过渡效果。

平面图着色要找准受光方向，深浅形成对角关系，运笔成放射方向。

分解出来的局部构造简单着色，配色对比应当比主体要弱。

c）着色稿

图4-15 蓝牙音箱着色表现（王毅力）

4.4　整体表现方法解析

工业产品的快题设计最终所呈现的作品，要求集齐尽可能多的表现要素，这些表现要素根据设计要求与产品特色来确定，尽量丰富化、多元化。设计表现元素在图稿中既独立存在，又互相影响，在绘制时要分清这些要素的主次关系，并将其合理地归置于图稿中。

4.4.1　智能巡检运维机器人

智能巡检运维机器人是基于机器人、多传感器、识别专家系统于一体的安全保障机器。智能巡检运维机器人的设计重在科技性和创意性的体现。绘制快题设计时要注重色彩的选用，要能体现金属质感，要合理绘制光影，以便体现产品的现代感（图4-16）。

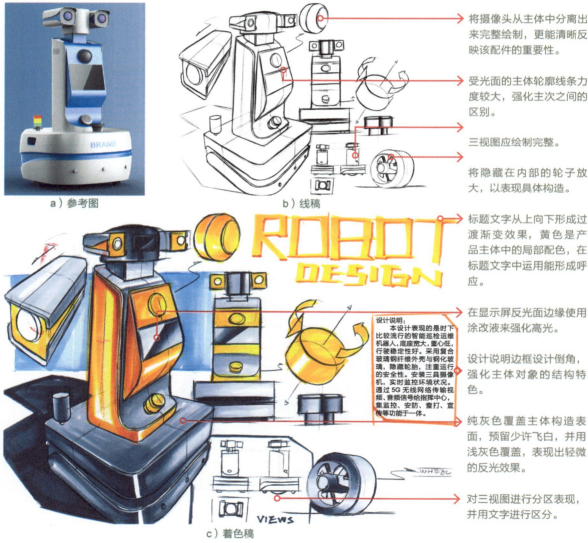

a）参考图

b）线稿

c）着色稿

将摄像头从主体中分离出来完整绘制，更能清晰反映该配件的重要性。

受光面的主体轮廓线条力度较大，强化主次之间的区别。

三视图应绘制完整。

将隐藏在内部的轮子放大，以表现具体构造。

标题文字从上向下形成过渡渐变效果，黄色是产品主体中的局部配色，在标题文字中运用能形成呼应。

在显示屏反光面边缘使用涂改液来强化高光。

设计说明边框设计倒角，强化主体对象的结构特色。

纯灰色覆盖主体构造表面，预留少许飞白，并用浅灰色覆盖，表现出轻微的反光效果。

对三视图进行分区表现，并用文字进行区分。

设计说明：
本设计表现的是时下比较流行的智能巡检运维机器人，底座宽大，重心低，行驶稳定性好。采用复合玻璃钢纤维外壳与钢化玻璃，隐藏轮胎，注重运行的安全性。安装三具摄像机，实时监控环境状况。通过5G无线网络传输视频、音频信号给指挥中心，集监控、安防、查打、宣传等功能于一体。

图4-16　智能巡检运维机器人快题表现（王毅力）

4.4.2 游戏鼠标

游戏鼠标的形态多样，该设计方案外形与枪相似，主要用于对战类游戏，设计多注重科技感和智能化。绘制该产品的快题设计时要注意表现出产品轮廓形态、功能、外观色彩的不同（图4-17）。

a）参考图

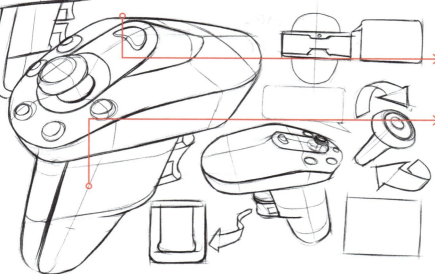

不规则的弧形绘制准确度要高，要能正确表现出形体结构。

辅助构造线的功能在于校正形态的完整性。

b）线稿

VR PLUS LI

鼠标能配合 VR 眼镜形成一体化产品链，通过蓝牙相互连接，能增强产品的互动体验。

设计说明：
本设计表现是多功能游戏鼠标，将枪形握把与遥控手柄组合在一起，具有良好的体验感与游戏带入感，单手操作方便快捷。

标题文字从上向下形成过渡渐变效果，强化投影能提升体积感。

自主设定高光体块的位置，一般位于画面中心靠近视点前方。

按钮的体积感通过暗部与高光的对比来表现。

加快运笔速度能表现出塑料磨砂质感。

为了体现光亮感，可采用深浅两种红色表现体积。

c）着色稿

图 4-17　游戏鼠标快题表现（王毅力）

4.4.3　全自动草坪清洁机

全自动草坪清洁机较智能化，产品包括有车载防撞雷达、动态障碍判定、一体化维修机箱、废草二次回收装置、草坪保养系统、全自动驾驶系统及草坪专用扫刷等。绘制快题设计时，一定要将其功能解释清楚，要注意细节处的绘制和圆角处的着色（图4-18）。

a）参考图

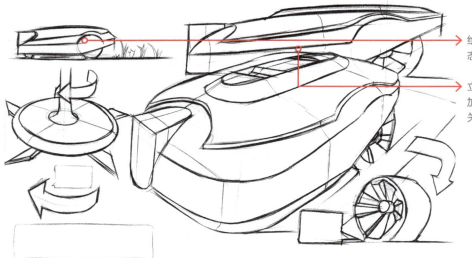

绘制出清洁环境与运营形态。

立面图与透视图相互叠加，但是不要遮挡形体的关键部位。

b）线稿

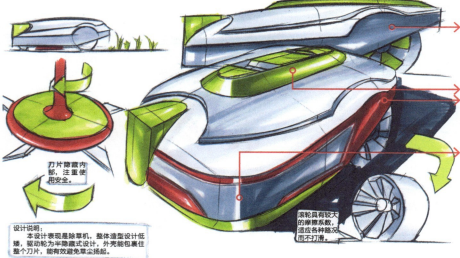

用单色书写文字也要表现出过渡渐变效果，可用同色在文字上端重复涂绘。

立面图侧面较深，能形成背景色块，衬托主体形态的受光面。

红色与绿色是对比色，因此，这两种颜色的纯度不宜过高。

高光的形态与大小根据造型的凸凹来决定，同一处高光形态可以大小不一。

刀片隐藏内部，注重使用安全。

滚轮具有较大的摩擦系数，适应各种路况而不打滑。

设计说明：
本设计表现是除草机，整体造型设计低矮，驱动轮为半隐藏式设计，外壳能包裹住整个刀片，能有效避免草尘扬起。

c）着色稿

图4-18　全自动草坪清洁机快题表现（王毅力）

第5章 优秀快题作品解析

学习难度：★ ★ ★ ☆ ☆

重点概念：单幅作品赏析、快题表现赏析

章节导读：快题表现图稿能将产品的设计思想准确地传达给公众，并通过线条与色彩控制，来增强产品在二维平面图纸上的立体感，以及公众与产品之间的互动感。临摹和赏析优秀的快题图稿，能更好地理解产品的设计理念，同时也能学习到更多的绘图技巧，这对于绘制工业设计快题表现图稿将会有很好的参考作用。

5.1　单幅作品设计解析

对单幅作品的深入剖析是为了更好地了解产品的结构与外部轮廓，这也为后期的快题图稿绘制打下了夯实的基础。

5.1.1　鞋子

鞋子的造型虽然以弧面居多，但也有规律。不同的鞋子的特征可作为局部功能构造进行放大或变形处理，色彩搭配注重穿插黑色与白色，形成较强烈的对比效果（图 5-1 ~ 图 5-5）。

运动鞋内部设计有蜂巢结构，使鞋子与脚的贴合感更紧密。黄色和多边形的结合能很好地加深公众对该款运动鞋的印象。

放大的粉色旋钮，表示旋转方向的黄色箭头，这些都能更好地阐明该款运动鞋的卖点。粉色旋钮与运动鞋的色彩，黄色箭头与背景色均能有所呼应。

图 5-1　可调节运动鞋

同种类型的产品可以由一个概念延伸出许多不同的形态，产品的轮廓也会产生变化。这里依据人体运动时脚部的着力点变化设想了不同结构和轮廓的篮球鞋，这对最终产品的形成有着重大的意义。

该篮球鞋主色调为蓝色，辅色调为橙色和灰色，橙色可以很好地调动公众的情绪，而灰色则能更好地中和色彩，能赋予该篮球鞋稳重感，同时 LOGO 选用了较深的蓝色，比较醒目，能增强公众对该款篮球鞋的记忆点。

图 5-2　篮球鞋

鲜亮的色彩可以更好地吸引公众的注意力，同时黑色又能赋予轮滑鞋稳重感，适当的留白则有效加深了色彩的层次感。

现在是追求美和实用的时代，该款轮滑鞋带有四轮驱动，轮后有紧急制动工具，使用比较安全。

驱动轮的凹凸部分以及与其他结构的连接部分都绘制得比较细致，画面的真实感比较强。

图 5-3 轮滑鞋

白、黑、灰的经典组合以及对鞋底的细致描绘可以很好地表现出该款马丁鞋的设计感。

亮丽而不张扬的绿色可以增强该款马丁鞋的灵动感和运动气息，同时利用排线的方式将鞋身的设计特色展现得淋漓尽致。

图 5-4 马丁鞋

根据产品特色使用点涂的上色方式可表现出制作该款运动鞋的材料质感。

红蓝是一组绝妙的搭配，作为互补色的红色和蓝色，巧妙地搭配在一起，对比强烈且醒目，能够很好地引人注目，同时也能赋予该款运动鞋很强的时尚感。

图 5-5 运动鞋（胡莹莹）

5.1.2 包

包的款式丰富，主要设计重点在于背包外部的多功能造型，如搭盖、提手、背带、扣件等，需要清晰表现出缝线的走向，注重体块之间的主次构造配色（图 5-6 ～图 5-9）。

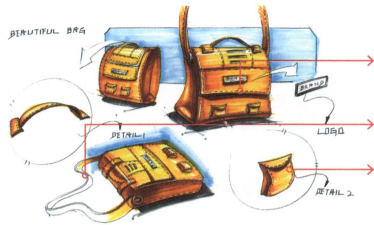

利用点涂的方式可以很好地表现出该款斜挎包细密的针脚，这也能很好地加深公众对该款斜挎包的信任感。

曲线具有较强的灵动感，在此处可以很好地表现出这款斜挎包背带的柔软质地。

该款斜挎包主色调为橙色，着色时有做适当地留白处理，这种形式可以很好地增强该款斜挎包的视觉效果。

图 5-6　斜挎包

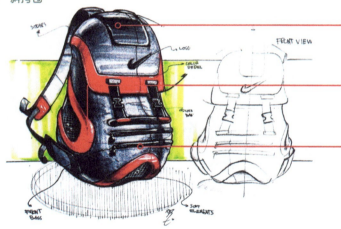

此处明暗交界面处理得十分不错，可以很好地增强该款双肩运动包的立体感和真实感。

上扬的曲线很好地表现出了该款双肩运动包背带的柔软感，同时红、黑色彩的搭配也使该款双肩运动包更具设计感。

留白也能很好地表现出拉链的金属质感，同时交叉点涂的形式能够很好地表现出运动包的网面质感。

图 5-7　双肩运动包

单肩包提手交叠处选择了黑色，在视觉上会更显真实。

橘色和米白色是比较合适的一组色调，能给人一种温暖、兴奋以及喜悦之感。

渐变色的应用能够平衡产品整体的色彩，使其不至于头重脚轻。

手提包提手交叠处的透视关系处理得比较好，这能很好地平衡图面的视觉效果。

侧边卡扣式的设计使用起来会更方便，对卡扣区域的细致绘制也会使该款手提包更具真实感。

光源来向决定了阴影的位置和层次，界线明显的明暗交界面能有效地增强该款手提包的立体效果。

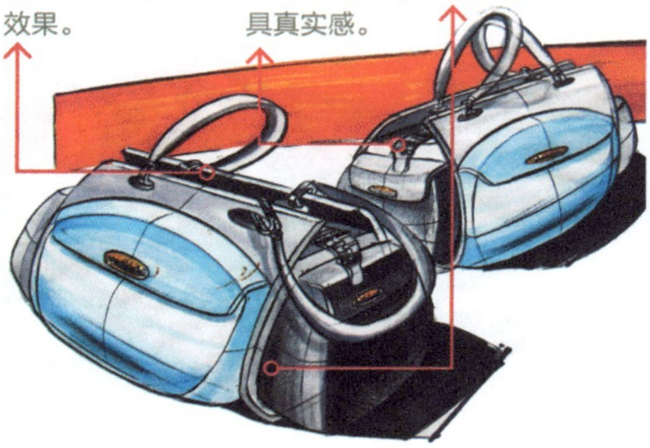

图 5-8　单肩包

图 5-9　手提包

5.1.3 家用电器

　　家用电器的造型应注重创新和简洁，区分出产品外观的塑料、金属质感，尤其是高亮金属与亚光金属之间的区别。在形态设计上还要注意产品结构的对称性，采用中轴辅助线来标识产品的对称结构（图 5-10 ～图 5-17）。

金属质感的表现是绘制该电热水壶的重点，此处扫笔形成的渐变白可以很好地表现出这一点。

灰黑色的底座会更有稳重感，这种色彩的搭配也不会显得电热水壶头重脚轻，且符合大众审美。

白色能在大面积的深色调中突显出来，用于绘制重点部位非常合适。

明暗交界线过渡自然，能生动地表现出面包机的体积感。

黑白对比明显，在提亮面包机色调的同时，也能表现面包机结构的特点。

同种类型的电吹风机有不同的色彩，设计衍生的多种色彩可以应对不同使用人群的需求。

所有的备选方案都强调便携性，这很好地阐明了设计该款电吹风机的初心。

图 5-10　电热水壶

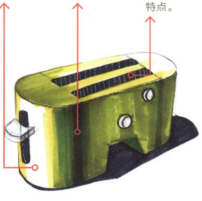

图 5-11　面包机（胡莹莹）

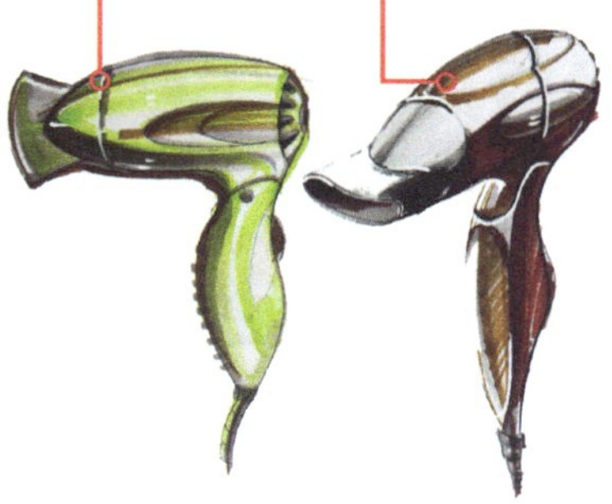

图 5-12　电吹风机

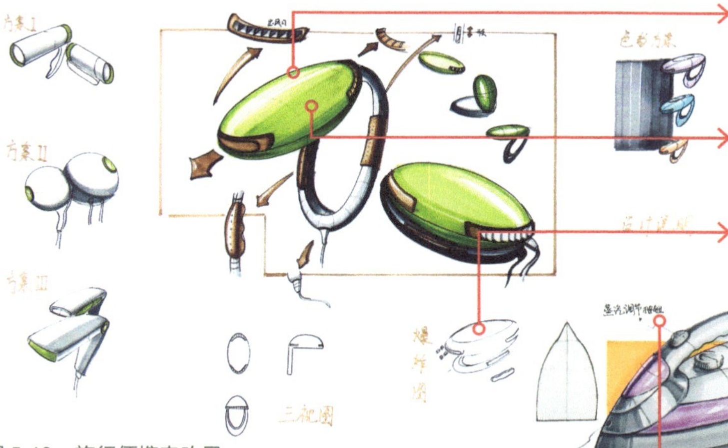

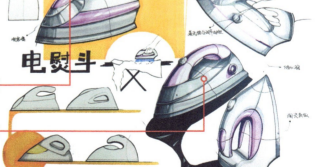

此处曲线的绘制可以很好地表现出电吹风机的握持感，轮廓外的点状色彩也能很好地表现出电吹风机手持部位的凹凸感。

体量合适的电吹风才是真正适用于旅行的便携式产品，该款电吹风便具备了这一点。

简单的爆炸图同样可以阐明电吹风的结构特色。

图 5-13　旅行便携电吹风

引线和文字标注可以使公众更快速地理解该款电熨斗的设计特色。

凹凸部位与电熨斗曲面之间的暗面处理得比较好，界面分割比例也恰到好处。

电熨斗

图 5-14　电熨斗

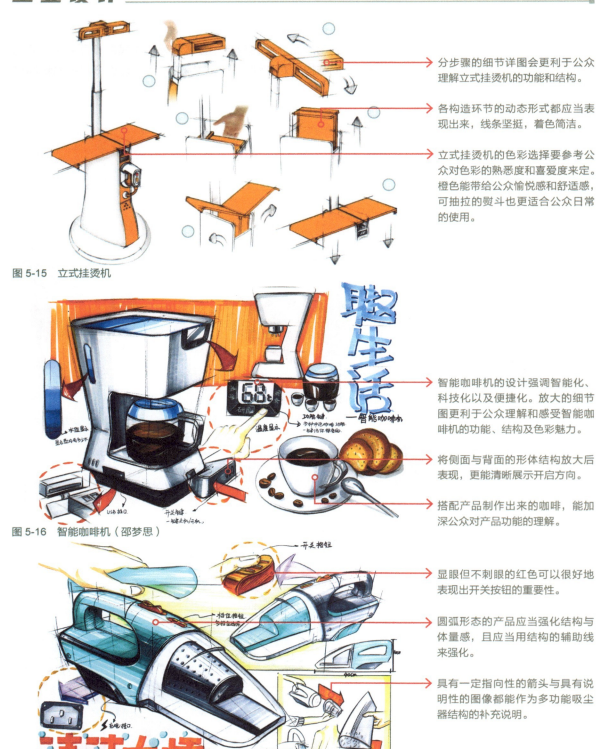

分步骤的细节详图会更利于公众理解立式挂烫机的功能和结构。

各构造环节的动态形式都应当表现出来，线条坚挺，着色简洁。

立式挂烫机的色彩选择要参考公众对色彩的熟悉度和喜爱度来定。橙色能带给公众愉悦感和舒适感，可抽拉的熨斗也更适合公众日常的使用。

图 5-15 立式挂烫机

智能咖啡机的设计强调智能化、科技化以及便捷化。放大的细节图更利于公众理解和感受智能咖啡机的功能、结构及色彩魅力。

将侧面与背面的形体结构放大后表现，更能清晰展示开启方向。

搭配产品制作出来的咖啡，能加深公众对产品功能的理解。

图 5-16 智能咖啡机（邵梦思）

显眼但不刺眼的红色可以很好地表现出开关按钮的重要性。

圆弧形态的产品应当强化结构与体量感，且应当用结构的辅助线来强化。

具有一定指向性的箭头与具有说明性的图像都能作为多功能吸尘器结构的补充说明。

图 5-17 多功能吸尘器（邵梦思）

5.1.4 数码产品

数码产品品种繁多，更新换代快。其外观造型特征主要集中在按键、旋钮等操控装置上，此外还附带不同面积的屏幕，着色时注重高光与反光的穿插对比效果。很多数码产品体积较小，在同等大小的图纸幅面中表现细节构造，就要放大表现，注意结构的转角造型，尽量刻画得细致些（图5-18 ~ 图5-32）。

佩戴式 MP3 明暗界线明显，黑色和白色不同灰度与明度的叠加使得佩戴式 MP3 操作界面的玻璃质感更显真实。

柔和的曲线能彰显出佩戴式 MP3 耳机线可缠绕的特点，同时指向性箭头也能明确点明耳机的使用位置。

作为背景色的蓝色可以与音乐播放器的主色调，即橙色很好地形成对比，这样也能够让音乐播放器在二维平面图纸中脱颖而出。

作为音乐播放器主色调的橙色属于暖色调，能够给予公众一种明亮、欢乐和兴奋之感，能够很好地表现出音乐播放器的设计理念。

图 5-18 佩戴式 MP3

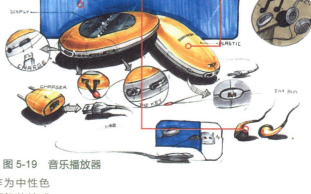

图 5-19 音乐播放器

产品爆破图的绘制讲求一定的逻辑性，参考线的出现便是为了更好地展现触屏手机的设计图稿。此外，爆破图内部色彩的选择应以触屏手机现实中的色彩为准，在保证真实性的前提条件下，可对触屏手机表面的色彩进行稍许的改变，以使它的整体色感更具艺术美感。

黑、白、灰作为中性色所给予触屏手机的情感比较稳定，通过不同灰度和明度的叠加应用，能有效地增强触屏手机各部件的凹凸感，同时这也增强了触屏手机形象的立体感。此外，黑、白、灰这种冷静的色调也能赋予触屏手机科技感和现代感。

色彩的叠加可以增强翻盖手机的质感，不同明度的蓝紫色有着不同的意义，此处明度合适的蓝紫色应用可赋予翻盖手机现代感和高雅感。

主次分明的色调在视觉上会更具舒适感，且翻盖手机各零部件细节处的色彩也能很好地与主色调相配。

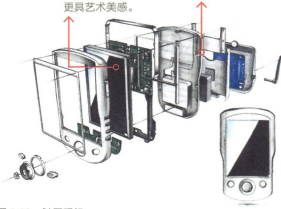

图 5-20 触屏手机

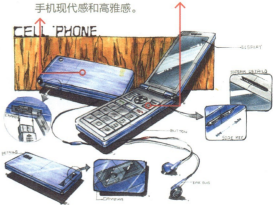

图 5-21 翻盖手机

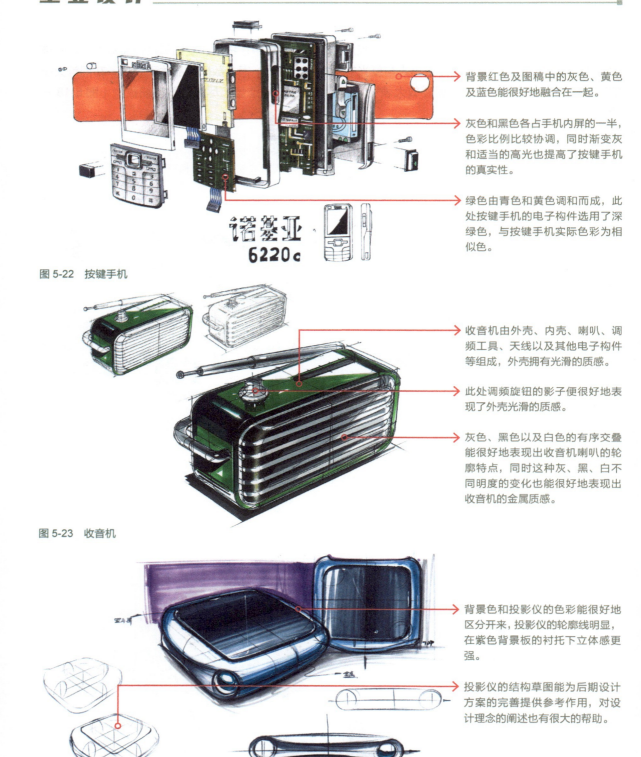

背景红色及图稿中的灰色、黄色及蓝色能很好地融合在一起。

灰色和黑色各占手机内屏的一半，色彩比例比较协调，同时渐变灰和适当的高光也提高了按键手机的真实性。

绿色由青色和黄色调和而成，此处按键手机的电子构件选用了深绿色，与按键手机实际色彩为相似色。

图 5-22　按键手机

收音机由外壳、内壳、喇叭、调频工具、天线以及其他电子构件等组成，外壳拥有光滑的质感。

此处调频旋钮的影子便很好地表现了外壳光滑的质感。

灰色、黑色以及白色的有序交叠能很好地表现出收音机喇叭的轮廓特点，同时这种灰、黑、白不同明度的变化也能很好地表现出收音机的金属质感。

图 5-23　收音机

背景色和投影仪的色彩能很好地区分开来，投影仪的轮廓线明显，在紫色背景板的衬托下立体感强。

投影仪的结构草图能为后期设计方案的完善提供参考作用，对设计理念的阐述也有很大的帮助。

图 5-24　投影仪

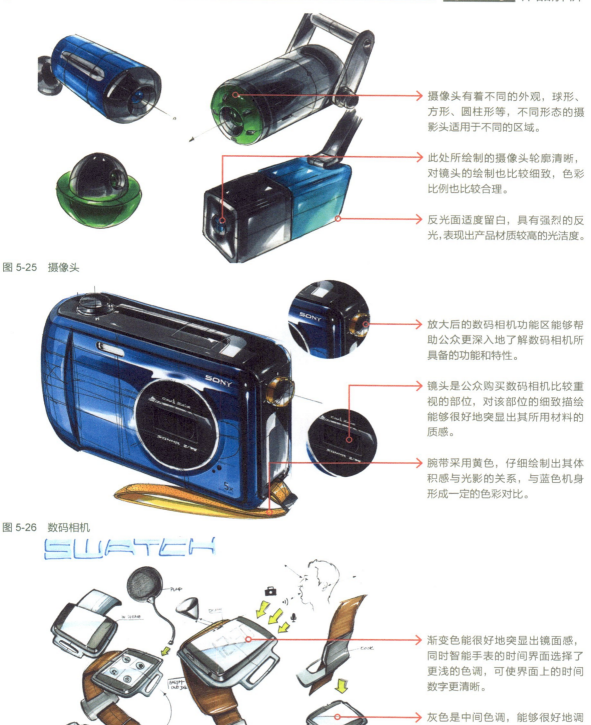

摄像头有着不同的外观，球形、方形、圆柱形等，不同形态的摄影头适用于不同的区域。

此处所绘制的摄像头轮廓清晰，对镜头的绘制也比较细致，色彩比例也比较合理。

反光面适度留白，具有强烈的反光，表现出产品材质较高的光洁度。

图 5-25　摄像头

放大后的数码相机功能区能够帮助公众更深入地了解数码相机所具备的功能和特性。

镜头是公众购买数码相机比较重视的部位，对该部位的细致描绘能够很好地突显出其所用材料的质感。

腕带采用黄色，仔细绘制出其体积感与光影的关系，与蓝色机身形成一定的色彩对比。

图 5-26　数码相机

渐变色能很好地突显出镜面感，同时智能手表的时间界面选择了更浅的色调，可使界面上的时间数字更清晰。

灰色是中间色调，能够很好地调和棕色的表带，使其更具独特性。

同色系不同明度的色彩也能增强智能手表的层次感。

图 5-27　智能手表

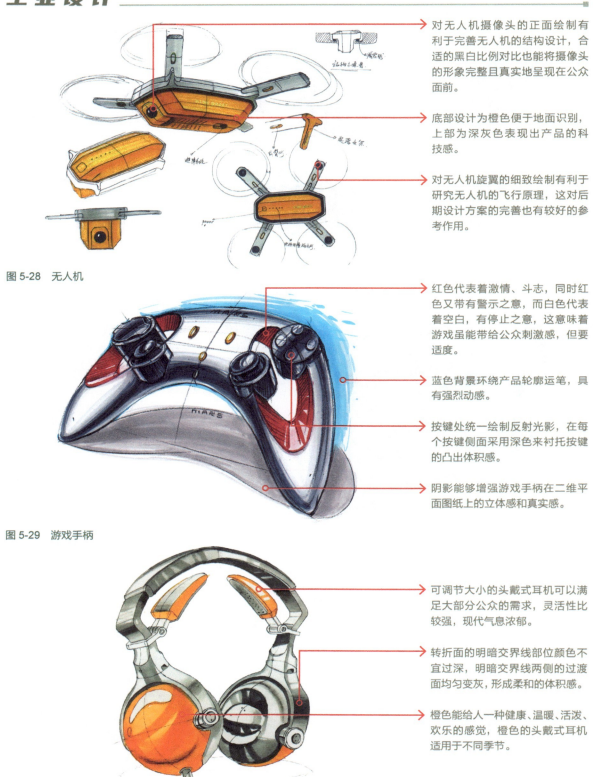

对无人机摄像头的正面绘制有利于完善无人机的结构设计，合适的黑白比例对比也能将摄像头的形象完整且真实地呈现在公众面前。

底部设计为橙色便于地面识别，上部为深灰色表现出产品的科技感。

对无人机旋翼的细致绘制有利于研究无人机的飞行原理，这对后期设计方案的完善也有较好的参考作用。

图 5-28　无人机

红色代表着激情、斗志，同时红色又带有警示之意，而白色代表着空白，有停止之意，这意味着游戏虽能带给公众刺激感，但也适度。

蓝色背景环绕产品轮廓运笔，具有强烈动感。

按键处统一绘制反射光影，在每个按键侧面采用深色来衬托按键的凸出体积感。

阴影能够增强游戏手柄在二维平面图纸上的立体感和真实感。

图 5-29　游戏手柄

可调节大小的头戴式耳机可以满足大部分公众的需求，灵活性比较强，现代气息浓郁。

转折面的明暗交界线部位颜色不宜过深，明暗交界线两侧的过渡面均匀变灰，形成柔和的体积感。

橙色能给人一种健康、温暖、活泼、欢乐的感觉，橙色的头戴式耳机适用于不同季节。

图 5-30　头戴式耳机

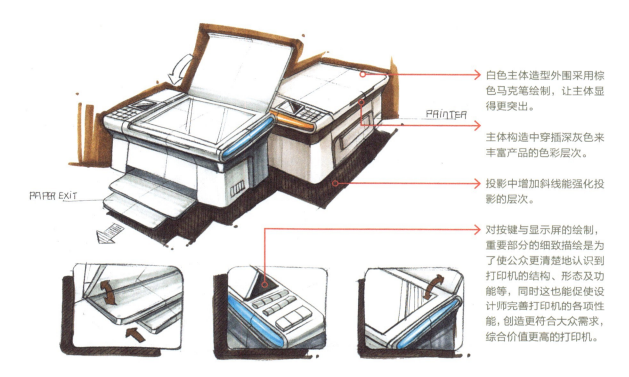

PRINTER

PAPER EXIT

白色主体造型外围采用棕色马克笔绘制，让主体显得更突出。

主体构造中穿插深灰色来丰富产品的色彩层次。

投影中增加斜线能强化投影的层次。

对按键与显示屏的绘制，重要部分的细致描绘是为了使公众更清楚地认识到打印机的结构、形态及功能等，同时这也能促使设计师完善打印机的各项性能，创造更符合大众需求，综合价值更高的打印机。

图 5-31　打印机

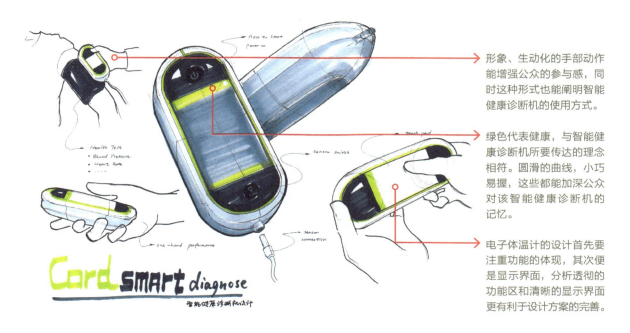

Cord smart diagnose
智能健康诊断机设计

形象、生动化的手部动作能增强公众的参与感，同时这种形式也能阐明智能健康诊断机的使用方式。

绿色代表健康，与智能健康诊断机所要传达的理念相符。圆滑的曲线，小巧易握，这些都能加深公众对该智能健康诊断机的记忆。

电子体温计的设计首先要注重功能的体现，其次便是显示界面，分析透彻的功能区和清晰的显示界面更有利于设计方案的完善。

图 5-32　智能健康诊断机设计

5.1.5　交通工具

交通工具的造型特征以曲线为主，主要细节集中在前端与尾端，尤其是大灯与中网需要深入刻画，充分表现特征。此外，轮毂的结构比较复杂，呈放射状造型，要将明暗面对比绘制出来，同时强化金属的高光与反光效果（图5-33～图5-36）。

不同灰度的白赋予了敞篷车更多的优雅感，同时流畅的曲线也充分表现出车身轮廓的艺术美感。

挡风玻璃表面添加少许白色水粉颜料，提升玻璃反光。

挡风玻璃后的座椅颜色稍许偏灰，与无挡风玻璃的座椅形成对比。

侧面反光色彩与明暗对比加强，形成强烈的体积感。

黑色能给人一种稳定感，这里的轮胎色彩取自现实生活中轮胎的色彩，轮胎轮廓清晰，线条有张有弛。

图5-33　敞篷车

对汽车内部结构的细致绘制需要绘图者有较强的绘画功底和足够的耐心。

内部深处的构造运用暖色，强化每个构件的明暗对比，形成强烈的体积感。

保留下来的结构应当是车辆中的主要构造，或是有功能作用，或是能表现出车辆的完整性。

揭开一部分外壳，同时又遮挡一部分，能表现构造的神秘感。

保留主要形体的骨架轮廓，但是不对这些造型做半透明化处理。

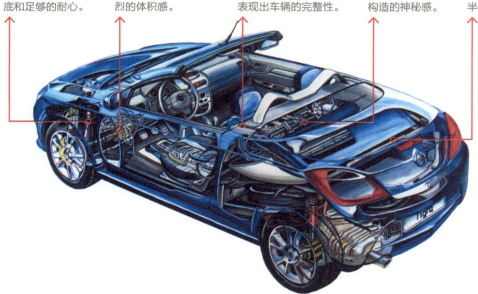

图5-34　汽车内部结构

虚化车轮的目的是适当表现路面崎岖的造型，这样能将车轮与路面都简化表现。

白色能在一众深色中突显出来，越野车的车标用白色绘制能够更清晰。

车辆最前方的边角是画面中央的重点部位，强化对比，并清晰表现，运用白色绘图笔突出高光形态。

越野车拥有比较高的底盘和抓地性较强的轮胎，此处轮毂绘制很清晰，轮胎与地面之间的连接关系以及轮胎与车身之间的透视关系及高度比例关系也很合理，能清楚地展现出越野车的特点。

图 5-35　越野车

平滑的轮胎表面仍要注意微弱的光影关系，在轮胎侧面采用黄色强化装饰效果并提升轮胎颜色的对比度。

提高车辆前部的明暗对比，细致表现结构凸凹与转折，强化高光。

由于视角较低，需要绘制的整体结构较少，图面中的构造都会放大，要表现出构造的体积感与光影关系。

黑色数字与白色底框搭配，形成强烈对比，传达出赛车的竞技精神。

赛车的底盘较低，黑色格栅状造型很好阐明了竞技赛车的特点。

图 5-36　赛车

5.1.6 灯具

灯具体量较小，在快题表现中多要放大表现，对细节的表现深度要求较高，同时要丰富灯具表面的造型结构。如圆柱形外表可以增加多层圆环，并配置不同色彩，同时对材质变化有要求，需要搭配金属、玻璃、塑料等材料，让体积较小且结构简单的灯具变得丰富（图5-37、图5-38）。

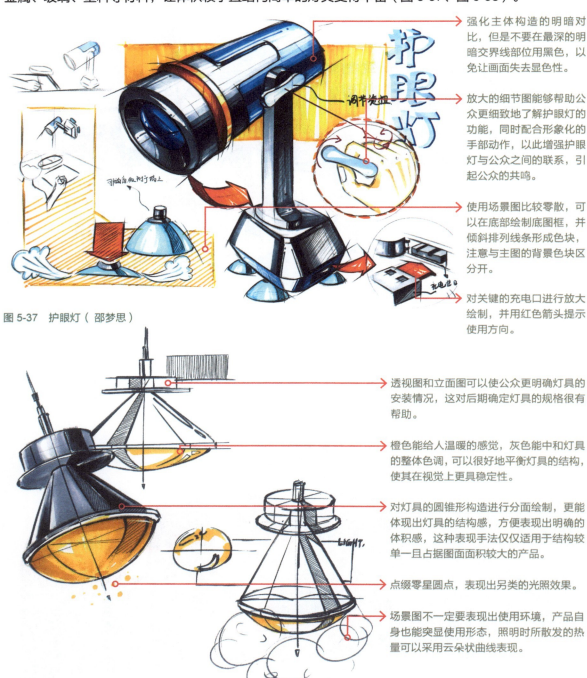

强化主体构造的明暗对比，但是不要在最深的明暗交界线部位用黑色，以免让画面失去显色性。

放大的细节图能够帮助公众更细致地了解护眼灯的功能，同时配合形象化的手部动作，以此增强护眼灯与公众之间的联系，引起公众的共鸣。

使用场景图比较零散，可以在底部绘制底图框，并倾斜排列线条形成色块，注意与主图的背景色块区分开。

对关键的充电口进行放大绘制，并用红色箭头提示使用方向。

图5-37 护眼灯（邵梦思）

透视图和立面图可以使公众更明确灯具的安装情况，这对后期确定灯具的规格很有帮助。

橙色能给人温暖的感觉，灰色能中和灯具的整体色调，可以很好地平衡灯具的结构，使其在视觉上更具稳定性。

对灯具的圆锥形构造进行分面绘制，更能体现出灯具的结构感，方便表现出明确的体积感，这种表现手法仅仅适用于结构较单一且占据图面面积较大的产品。

点缀零星圆点，表现出另类的光照效果。

场景图不一定要表现出使用环境，产品自身也能突显使用形态，照明时所散发的热量可以采用云朵状曲线表现。

图5-38 普通灯具

5.1.7 施工用具

　　施工用具表现要强调多功能与高强度,尤其是金属质感要强烈,并且与塑料件之间形成质感对比。分解构造配件,单独绘制,将图面的视觉效果变得丰富。画面中可以穿插分解图和使用说明书(图5-39、图5-40)。

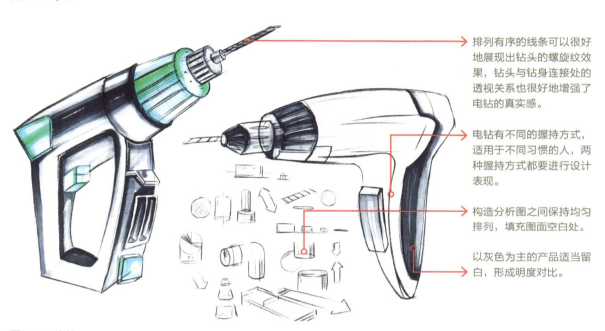

排列有序的线条可以很好地展现出钻头的螺旋纹效果,钻头与钻身连接处的透视关系也很好地增强了电钻的真实感。

电钻有不同的握持方式,适用于不同习惯的人,两种握持方式都要进行设计表现。

构造分析图之间保持均匀排列,填充图面空白处。

以灰色为主的产品适当留白,形成明度对比。

图5-39　电钻

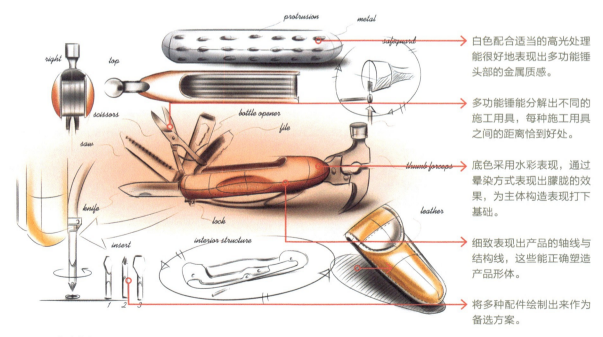

白色配合适当的高光处理能很好地表现出多功能锤头部的金属质感。

多功能锤能分解出不同的施工用具,每种施工用具之间的距离恰到好处。

底色采用水彩表现,通过晕染方式表现出朦胧的效果,为主体构造表现打下基础。

细致表现出产品的轴线与结构线,这些能正确塑造产品形体。

将多种配件绘制出来作为备选方案。

图5-40　多功能锤

5.1.8 日常生活用品

生活用品种类繁多，每个品种的特征都不同，造型与着色可以参考类似的产品。生活用品的配色是关键，色彩要符合公众对生活用品的认知。体量较小的生活用品配色需要强化色彩对比，体量较大的生活用品配色可以整体一致，略有对比即可（图5-41～图5-43）。

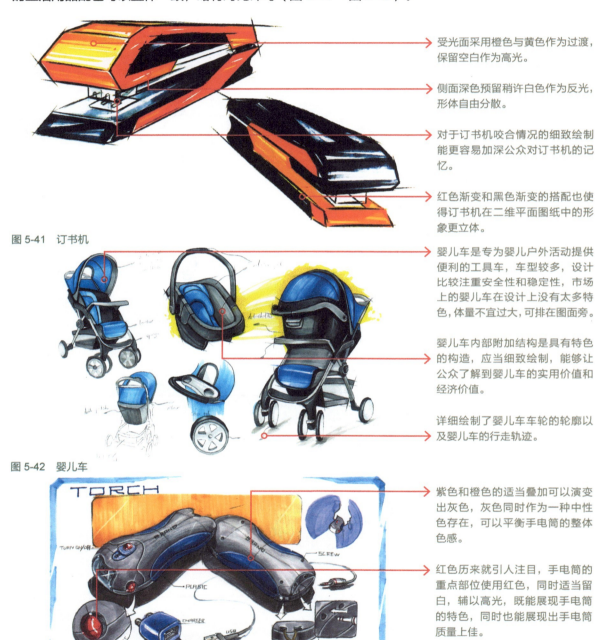

受光面采用橙色与黄色作为过渡，保留空白作为高光。

侧面深色预留稍许白色作为反光，形体自由分散。

对于订书机咬合情况的细致绘制能更容易加深公众对订书机的记忆。

红色渐变和黑色渐变的搭配也使得订书机在二维平面图纸中的形象更立体。

图5-41　订书机

婴儿车是专为婴儿户外活动提供便利的工具车，车型较多，设计比较注重安全性和稳定性，市场上的婴儿车在设计上没有太多特色，体量不宜过大，可排在图面旁。

婴儿车内部附加结构是具有特色的构造，应当细致绘制，能够让公众了解到婴儿车的实用价值和经济价值。

详细绘制了婴儿车车轮的轮廓以及婴儿车的行走轨迹。

图5-42　婴儿车

紫色和橙色的适当叠加可以演变出灰色，灰色同时作为一种中性色存在，可以平衡手电筒的整体色感。

红色历来就引人注目，手电筒的重点部位使用红色，同时适当留白，辅以高光，既能展现手电筒的特色，同时也能展现出手电筒质量上佳。

边框采用宽笔触绘制，保持断续与三角倾斜造型，具有科技感。

图5-43　手电筒

5.2 快题设计作品解析

学习和借鉴的过程也是分析与总结的过程。在观赏优秀的快题设计作品的过程中，我们能够学习到前辈优秀的绘制技巧，也能从图稿中领悟到前辈的设计思想，从而有所感悟，有所改进（图5-44～图5-72）。

简单的英文字母既点明了设计主题又阐明了该旅行箱所适用的人群，边角采用白色中性笔点缀装饰更具体量感。

分析板块采用两种具有深浅差别的蓝色环绕文字信息，对版面划分带来了良好体积感。

卡通化的行李箱会更具童真，淡蓝和深蓝交替能够给人一种纯净、单纯的感觉，能很快被儿童所喜爱。

将产品中具有功能性的构造放大后表现出来，再以米黄色作为底色，增加手指形态与指示方向箭头可充分展示其使用方法。

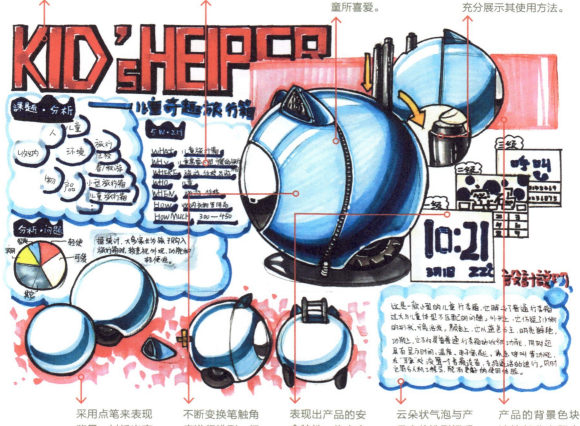

采用点笔来表现背景，衬托出产品轮廓。

不断变换笔触角度进行排列，细致表现出产品球面状态。

表现出产品的安全特性，将安全功能分级展示。

云朵状气泡与产品主体造型相呼应。

产品的背景色块遮挡部分主题文字，具有一定的层次感与空间感。

图 5-44　儿童奇趣旅行箱

 小贴士

构图

注重构图能提升图稿的趣味性和节奏感，增强图面的和谐感，提升图稿的整体美感。构图不仅仅体现在整个图稿上，还表现在产品自身的构图中，产品结构要具备平衡感，这样与周边的环境和辅助物品才能很好地结合在一起。

小贴士

材料与产品的相容性

　　材料与产品的相容性主要表现为工业产品必须能够反映出材料的特征与性质，如木制产品要具备简单与朴素感，金属产品要备坚韧感，塑料产品要具备友好感等。工业产品在设计时要仔细挖掘不同材料的特点，并充分发挥出不同材料的优势。在选择材料时还应在满足基本功能要求的基础之上，给予产品不同的级别，并注意避免材料的浪费。

以纵向思维导图的形式可以向公众清楚地展示出VR眼镜的设计过程，这是加深公众对VR眼镜记忆点的重要一步。

标题除文字外，还配有比较形象化的小图像，既能阐明设计的产品为何物，同时又能很好地增强设计的趣味性。

细节图的色彩选择要能与VR眼镜的主色调相协调，相近色是较好的选择，既能在宏观上有所统一，又能在微观上有所区分。

图5-45　VR眼镜

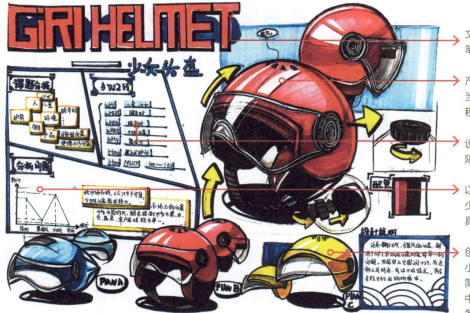

文字转角处采用白色中性笔修饰边缘。

产品高光处留白的区域应当整齐，可呈现很强的体积感。

设计元素之间采用线条分隔，清晰展现板块构成。

以数据折线图的形式分析少女头盔的未来市场将更具有说明性和直观性。

创意方案效果图面积较小，选用单纯的色彩表现，简洁表现笔触，形成深、中、浅层次，这些色彩具备较强的青春气息，能明显表现出玻璃质感。

图5-46　少女头盔（邱小轩）

概念性主标题需要搭配点明设计主题的次标题，此处两者字体相同，字迹清晰且字体勾勒不拖沓。

此处效果图能很好地表现出夜灯的轮廓特色和外观纹路特色，色彩的选择比较温和，能给人一种温暖的感觉。

气泡形式的设计说明增强了整幅图稿的趣味性，同时说明中的分析图也能帮助公众更好地理解夜灯的设计过程。

图 5-47　带音响的夜灯

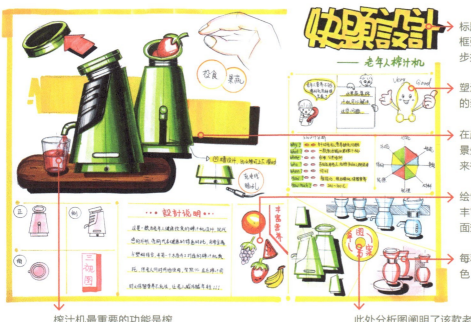

标题文字外围采用黑色边框强化，可以将边框进一步拓展为投影，丰富层次。

塑造卡通形象，提升产品的亲和力。

在颜色较深的产品构造背景处采用鲜明的黄色色块来衬托，特别醒目。

绘制一些产品适用原料，丰富产品的使用功能与画面效果。

每种草图方案选用一种颜色，具有选择性。

榨汁机最重要的功能是榨汁，此处快题图稿清晰地呈现了从水果放入榨汁机内到榨出鲜美、可口的果汁的全过程，形象、生动地向公众展示了榨汁机的使用方式。

此处分析图阐明了该款老年人榨汁机设计时考虑到的问题，同时分析图中的几种色彩均取自图稿中产品的色彩，这无疑增强了图稿的整体感。

图 5-48　老年人榨汁机（唐甜甜）

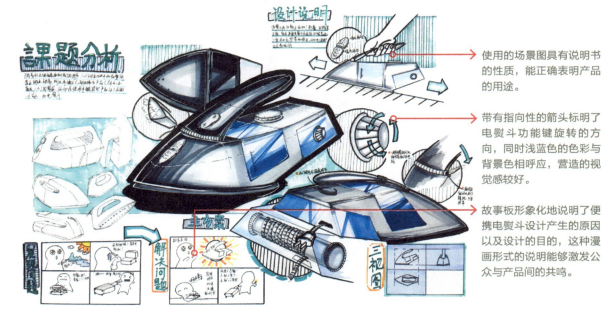

图 5-49　便携电熨斗

使用的场景图具有说明书的性质，能正确表明产品的用途。

带有指向性的箭头标明了电熨斗功能键旋转的方向，同时浅蓝色的色彩与背景色相呼应，营造的视觉感较好。

故事板形象化地说明了便携电熨斗设计产生的原因以及设计的目的，这种漫画形式的说明能够激发公众与产品间的共鸣。

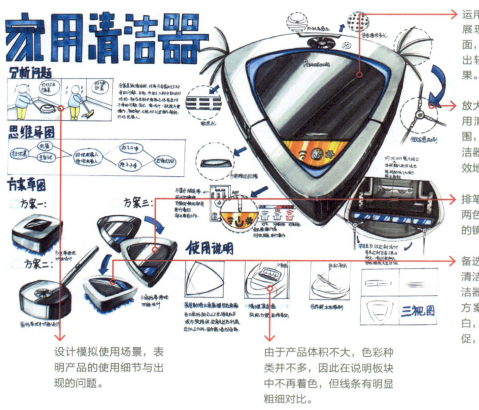

图 5-50　家用清洁器

运用多种灰色叠加覆盖后展现比较缓和平滑的表面，最后采用白色笔表现出轻微反光丰富画面效果。

放大后的细节图环绕在家用清洁器的主效果图周围，一来便于公众了解清洁器的功能，二来也能有效地吸引公众的注意力。

排笔和扫笔绘制的黑、白两色也有效增强了清洁器的镜面感。

备选方案的色彩取自家用清洁器的主体色彩，但清洁器的形态却大有不同，方案之间留有适当的空白，版面不会显得过于局促，画面效果也较好。

设计模拟使用场景，表明产品的使用细节与出现的问题。

由于产品体积不大，色彩种类并不多，因此在说明板块中不再着色，但线条有明显粗细对比。

小贴士

快题设计的意义

　　快题设计能有效强化工业产品设计的创意和表现，能提升工业产品设计创意实施的成功率，能设计出更优质和更具有特色的产品。快题设计还可清晰表达设计者的设计语言，并增强设计者之间、设计师与产品之间的交流，能够使设计者的创意与表现达到高度同步，同时也能将产品的设计意图准确传达给公众。

多功能空气加湿器的设想源自于大自然中的蘑菇，意在为公众创造一个美观、实用的家用电器。

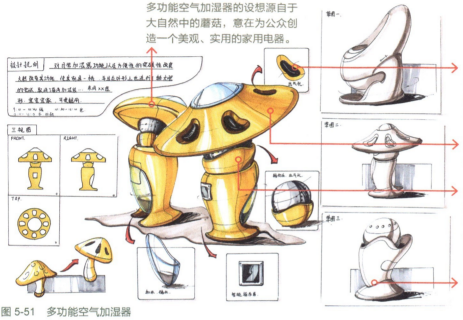

多功能空气加湿器的出气孔有些类似于豌豆荚的形态，出水量比较合适，带来的加湿效果也较好。

运笔线条流畅，一次成型并良好塑造了产品形态。

此处多功能空气加湿器选用了橙色为主色调，橙色能够给人一种很健康的感觉，很符合加湿器的设计主题。

方案图采用暖灰色与冷灰色表现，可区别并衬托主图。

图 5-51　多功能空气加湿器

便携智能血压仪备选方案的推演过程是设计再分析和再创造的过程，在此过程中，可以清楚了解了血压仪的基础轮廓及领会设计血压仪的思维方式。

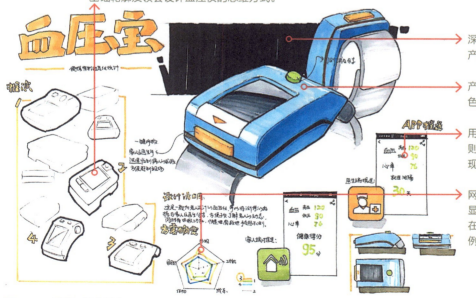

深色底图色块能衬托浅色产品。

产品选用蓝色与橙色为主色调，醒目清晰。

用户操作界面的清晰绘制则使得血压仪的设计具备现实性。

网状分析图能够更直观地显示功能、外观、结构等在血压仪设计中所占的比例。

图 5-52　便携智能血压仪

图 5-53 可折叠旅行车（邵梦思）

此处扶手可拉伸展开或收缩，拉伸展开后可控制方向，收缩后能节省收纳空间，便于携带。

产品的色彩、结构等都需要讲求平衡性和协调性。

万向转轮拥有较强的灵活性，可以自由转换方向，更适合旅行中使用，且轮身体量较小，防噪声设计也能使其具备更高的经济价值。

设计配色方案，提供可选择的意向配色。

将可拆装构造分解表现出来，背景覆盖浅色块来衬托产品主体。

工业产品材料选用要求

　　选择材料要考虑价格、成本、材料损耗、销售亏损等因素，设计和材料要降低生产成本，选择综合性能较好的低价材料来完成产品的制作。尽可能地选用无污染，利用空间较大以及可回收的材料，使用这类材料制作的产品也将具备更加优良的可持续性。

小贴士

分点阐述的设计说明更具有逻辑性和可靠性，准确性相对也会更高。

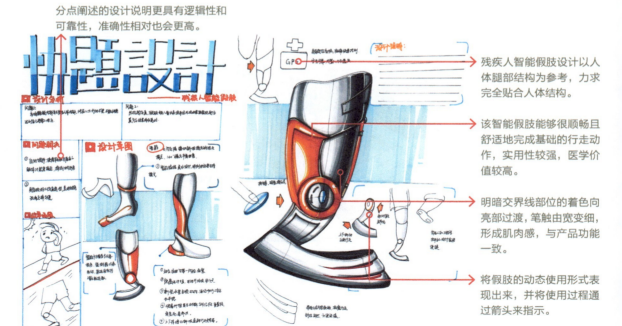

图 5-54 残疾人智能假肢

残疾人智能假肢设计以人体腿部结构为参考，力求完全贴合人体结构。

该智能假肢能够很顺畅且舒适地完成基础的行走动作，实用性较强，医学价值较高。

明暗交界线部位的着色向亮部过渡，笔触由宽变细，形成肌肉感，与产品功能一致。

将假肢的动态使用形式表现出来，并将使用过程通过箭头来指示。

对智能灭火机器人细节部位的放大有助于设计师完善产品的设计方案，并审核和修正智能灭火机器人的使用功能。

内收弧形具有强烈的动感，能提升造型的层次，让整体视觉效果具有强烈的冲击性，同时也表明了智能灭火机器人灭火的决心。

三角状面域着色绘制笔触应当挺拔急促，线条之间的缝隙形成微弱的色彩对比，表现出产品中细腻的质地。

模拟场景图能比较真实地反映出产品的使用价值。

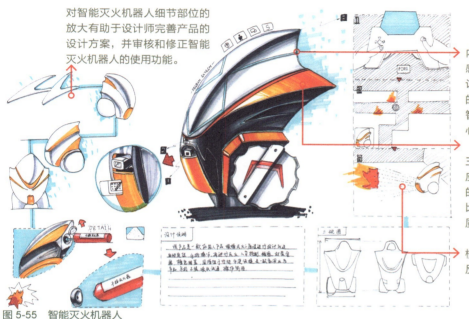

图 5-55　智能灭火机器人

故事板塑造形式比较完整，图文信息全面，逻辑关系分明。

深色材质表现出金属反光质地需要强化对比，深色最暗部可使用少许纯黑色，浅色最亮部不着色。

太阳能无人机主要依靠太阳能作为驱动能源，四边的旋翼可以帮助其稳定地飞行，此种类型的无人机使用功能比较强大。

绿色是自然中比较常见的色彩，它代表着希望、安全、平静及和平，这与无人机的使用范围和使用目的有着一定的联系。

作为辅助色彩的蓝色能减弱单色调带来的枯燥感，与灰色的主色调也能很好地融合在一起。

设计方案的创意过程要符合思维逻辑，进行有序递进。

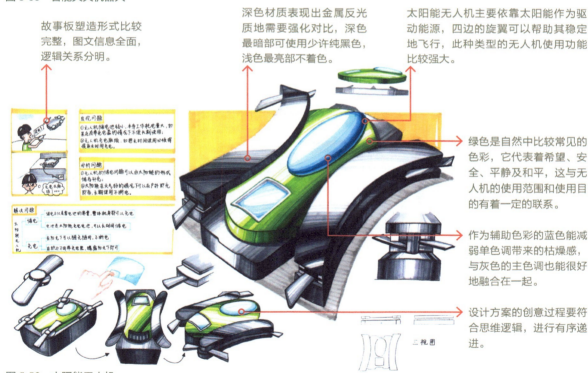

图 5-56　太阳能无人机

小贴士

当代工业产品的形态特征

　　简单纯粹的产品能抓住公众的内心；具备亲和力的产品能满足公众单纯的心理渴求；富有个性的产品具有较强的核心竞争力，能表现出产品的象征意义；形态迷你化的产品将更适用于单个个体使用。

指出设计构思过程，将构思创意元素分解后采用对照图形的形式表现出来。

对产品进行初步设计，列出3种不同方案，在方案草图中对基础创意形体简单着色。

背景运用浅蓝色平铺成色块，衬托产品。产品与背景的明暗交界线可以选用深冷灰色来强化。

表现出产品的使用特色，运用不倒构造来体现产品的独特性。

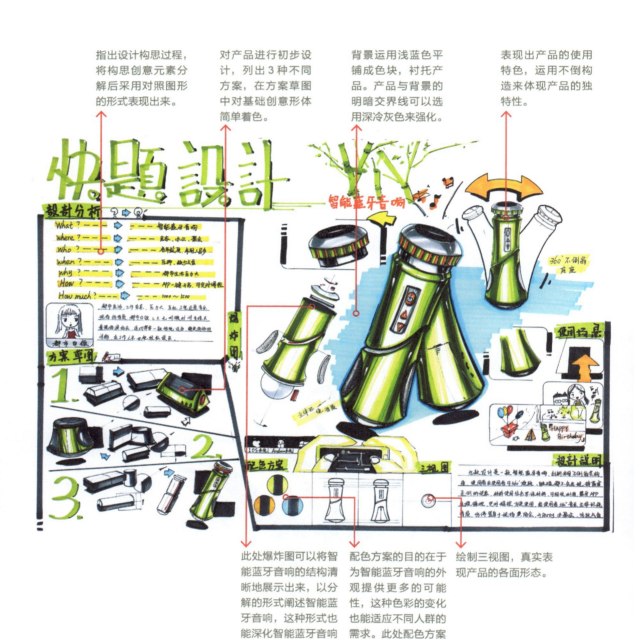

此处爆炸图可以将智能蓝牙音响的结构清晰地展示出来，以分解的形式阐述智能蓝牙音响，这种形式也能深化智能蓝牙音响的设计方案。

配色方案的目的在于为智能蓝牙音响的外观提供更多的可能性，这种色彩的变化也能适应不同人群的需求。此处配色方案中的黄色、蓝色、橙色等都能传达一种热情、活泼的情绪，能够很好地营造一种浪漫的情境。

绘制三视图，真实表现产品的各面形态。

图 5-57　智能蓝牙音响（黄慧婷）

标题的色彩与产品的主色调彼此呼应，色彩与色彩之间的连接也十分干净、紧密。

每项设计方案均对产品增加了黄色背景底图，大幅度提升了画面效果。

设计场景效果图来强化产品的使用方法。

对产品的潜在功能进行图式化表述，采用箭头来指示分离方式。

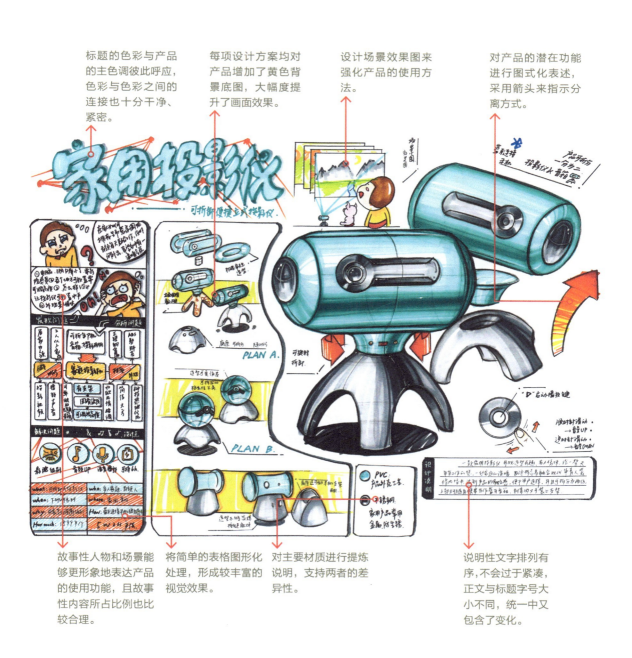

故事性人物和场景能够更形象地表达产品的使用功能，且故事性内容所占比例也比较合理。

将简单的表格图形化处理，形成较丰富的视觉效果。

对主要材质进行提炼说明，支持两者的差异性。

说明性文字排列有序，不会过于紧凑，正文与标题字号大小不同，统一中又包含了变化。

图 5-58　可拆卸便捷立式投影仪（霍珮伊）

文字造型内着色丰富,主要笔触的纹理变化,通过点、线、面综合表现来装饰。

塑造人物形象来强化产品的功能需求。

强化表现产品的便携性。

中央弧形转角处运笔流畅自然,明暗对比强烈,运用最醒目的黄色、橙色、黑色三者相结合。

指出产品工作状态与运动方向。

手提式设计从侧面突显了平衡代步车的轻便感和可收纳性,这也是当今代步工具所需的性能之一。

作为练习稿,可无须编写设计说明。

防滑踏面设计为凸凹造型。

图 5-59 平衡代步车

文字上部用白色涂
改液点白作为高光，
配合单边投影，提
高了文字的立体效
果。

将头脑风暴图展开，
中间着色较深，周
边较浅。

设计人物形象，丰
富画面效果，提高
产品的使用价值。

元素分标题背景设
计为体块状并着色，
丰富画面效果。

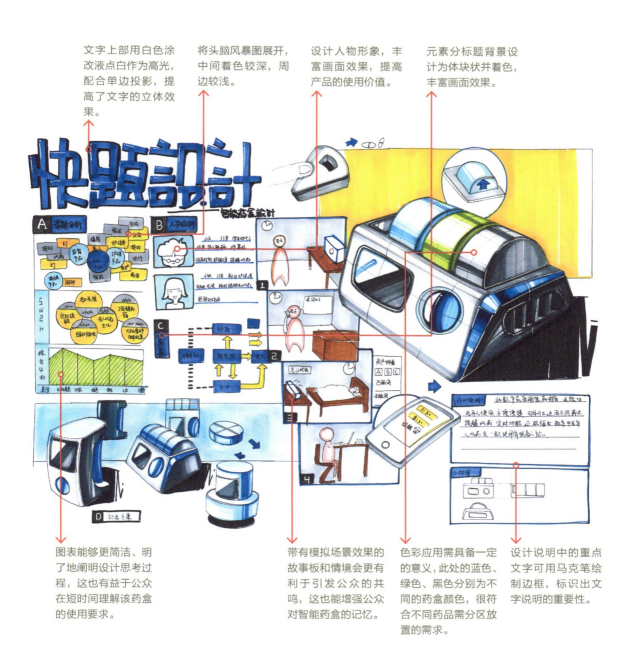

图表能够更简洁、明
了地阐明设计思考过
程，这也有益于公众
在短时间理解该药盒
的使用要求。

带有模拟场景效果的
故事板和情境会更有
利于引发公众的共
鸣，这也能增强公众
对智能药盒的记忆。

色彩应用需具备一定
的意义，此处的蓝色、
绿色、黑色分别为不
同的药盒颜色，很符
合不同药品需分区放
置的需求。

设计说明中的重点
文字可用马克笔绘
制边框，标识出文
字说明的重要性。

图 5-60　智能药盒

指出市场需求痛点，采用模拟概念场景的形式来表现。

分析问题中引用思维导图的模式，对重点环节填充斜线以示强化。

云朵式的弧形给产品形象带来轻松的视觉效果，衬托出主题文字信息。

圆球形使用说明图不着色，通过弧形外框来强化图式的存在。

模拟使用场景，采用点绘的方式衬托背景。

着色运笔力求快捷挺括，表现出产品的力量与机械感，强化产品的稳定性。

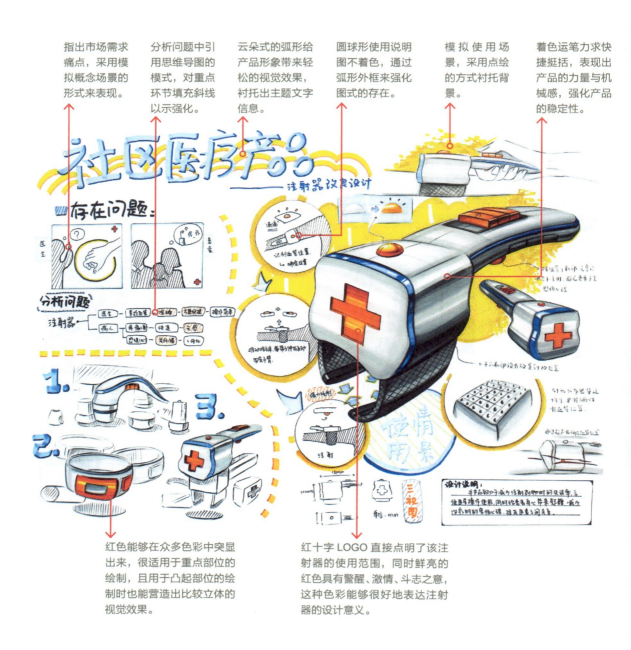

红色能够在众多色彩中突显出来，很适用于重点部位的绘制，且用于凸起部位的绘制时也能营造出比较立体的视觉效果。

红十字LOGO直接点明了该注射器的使用范围，同时鲜亮的红色具有警醒、激情、斗志之意，这种色彩能够很好地表达注射器的设计意义。

图 5-61　注射器改良

指出产品的市场需求，采用故事板的形式来表述，并对这三块内容的投影统一连接，形成整体效果。

说明文字采用分点描述的形式，运用平行四边形来区分，形成较强的视觉效果。

亮部线条运笔流畅细长，表现出过渡面的圆滑，其中穿插黄色来丰富过渡色彩的效果。

将数字液晶屏幕放大绘制，配合箭头指向来提升画面重点。

将材质纹理放大绘制，展现清晰的图形元素，体现出产品的特色。

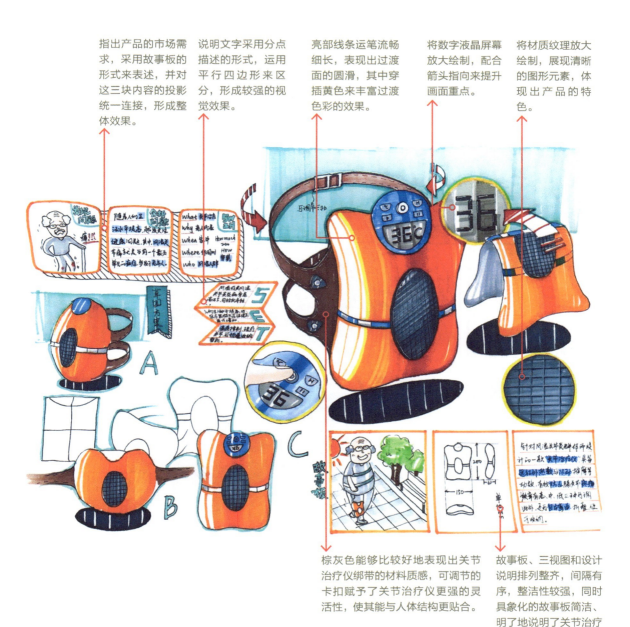

棕灰色能够比较好地表现出关节治疗仪绑带的材料质感，可调节的卡扣赋予了关节治疗仪更强的灵活性，使其能与人体结构更贴合。

故事板、三视图和设计说明排列整齐，间隔有序，整洁性较强，同时具象化的故事板简洁、明了地说明了关节治疗仪的使用方式，视觉冲击性较大。

图 5-62　关节治疗仪

深化表现故事情景，运用动漫图的形式来绘制。

列出最初的创意源形象，对其进行造型演变。

强化产品底部的投影，并做相应的留白处理，显得更透气。

设计气泡状图形作为产品背景，具有很强烈的科幻色彩。

将主要材料图示画表现，具有实物样板的装饰效果，通过材质的明暗对比来进行区别。

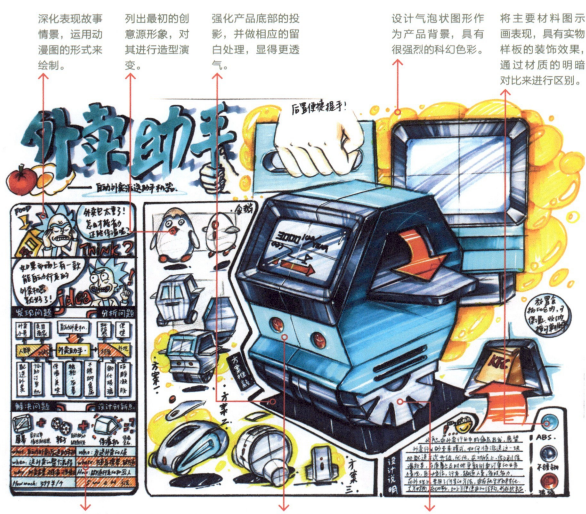

备选方案、效果图、设计分析板块等分区明确，单体设计元素与整体之间的对齐关系符合设计要求，图稿整体比较均衡。

醒目的亮蓝色能使自助外卖派送助手机器在较暗的环境中突显出来，且这种色彩能给人一种比较舒适的感觉。

自助外卖派送助手机器的滚轮齿纹较大，抓地性较好，能平稳地将外卖送到目的地。

图 5-63　自助外卖派送助手机器（霍珮伊）

故事板内容情节丰富，对人物表情与动态把控到位。

问题分析文字外框整齐，粗细结合，与故事板对应。

主体产品侧面的运笔非常仔细，由浅到深逐层变化，每种颜色的层次笔触均由粗、细相结合，呈现出柔和的过渡效果。

深灰色与橙色形成对比，视觉效果醒目，这是现代工业产品常见的搭配形式。

显示器屏幕着色方式与产品主体保持一致，预留的白色使其具有通透感。

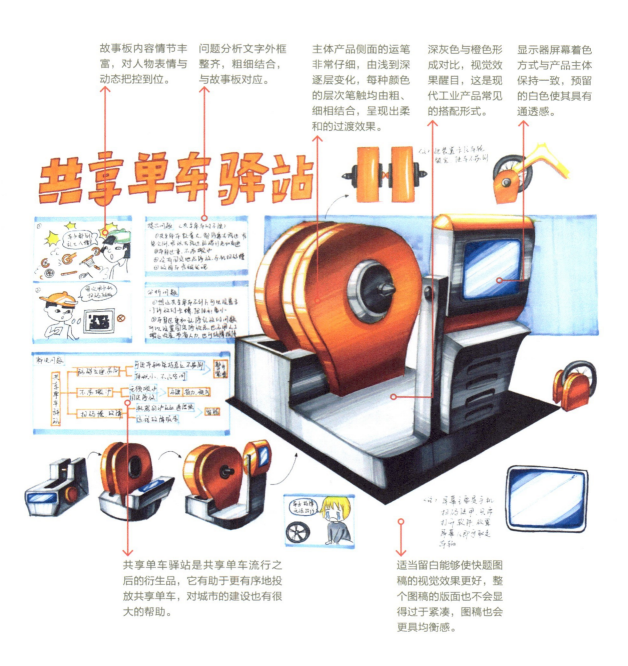

共享单车驿站是共享单车流行之后的衍生品，它有助于更有序地投放共享单车，对城市的建设也有很大的帮助。

适当留白能够使快题图稿的视觉效果更好，整个图稿的版面也不会显得过于紧凑，图稿也会更具均衡感。

图 5-64　共享单车驿站

文字上部用白色涂改液点白作为高光，配合单边投影，增强了文字的立体效果。

设计人物形象，丰富画面效果，提高产品的使用价值。

元素分标题背景设计为体块状并着色，丰富画面效果。

圆形表现出药片的抽象图形，与产品产生关联。

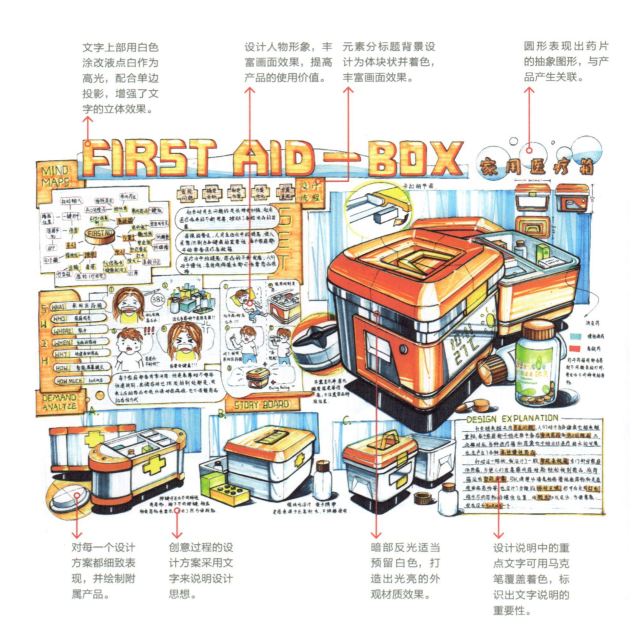

对每一个设计方案都细致表现，并绘制附属产品。

创意过程的设计方案采用文字来说明设计思想。

暗部反光适当预留白色，打造出光亮的外观材质效果。

设计说明中的重点文字可用马克笔覆盖着色，标识出文字说明的重要性。

图 5-65　家用医疗箱

设计出三种不同的方案，将中意方案的标题编号用红色图形标识。

强化箭头方向，背景紫色色块衬托前景黄色产品，紫色与黄色是对比色，视觉鲜明。

细致刻画轮胎造型，采用白色中性笔描绘轮胎边缘高光，轮胎受光面留白，与黑色形成对比，强化了产品重要部件的质感。

将产品显示面板中的信息展示出来，充分体现产品的多功能元素。

导航机器人能为老人、儿童等人群提供比较智能化的语音导航服务。机身底部的轮胎具有较好的抓地性，其头部有两角，造型比较有趣，是不可多得的萌物。

黄色是富有正能量的色彩，该导航机器人所要传达的设计理念也具备一定的正能量。作为主色调存在的黄色色泽比较亮丽，为了平衡画面效果，添加适当的中性灰色能够使产品的协调性更好。

图 5-66 导航机器人（邱小轩）

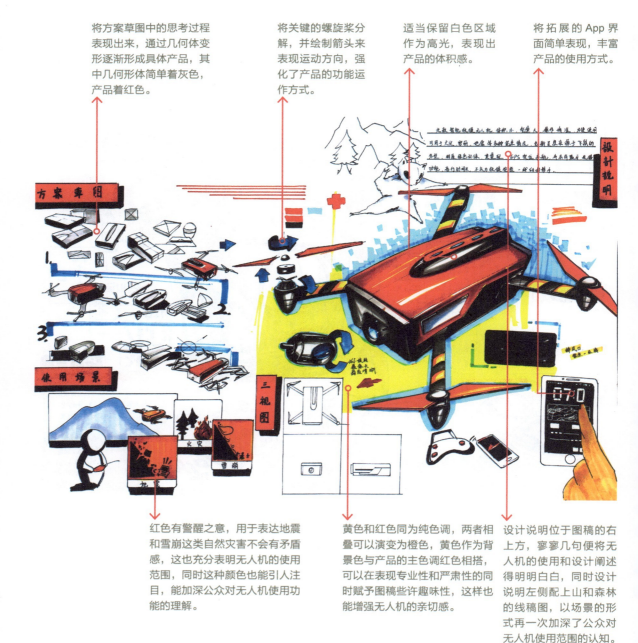

将方案草图中的思考过程表现出来，通过几何体变形逐渐形成具体产品，其中几何形体简单着灰色，产品着红色。

将关键的螺旋桨分解，并绘制箭头来表现运动方向，强化了产品的功能运作方式。

适当保留白色区域作为高光，表现出产品的体积感。

将拓展的 App 界面简单表现，丰富产品的使用方式。

红色有警醒之意，用于表达地震和雪崩这类自然灾害不会有矛盾感，这也充分表明无人机的使用范围，同时这种颜色也能引人注目，能加深公众对无人机使用功能的理解。

黄色和红色同为纯色调，两者相叠可以演变为橙色，黄色作为背景色与产品的主色调红色相搭，可以在表现专业性和严肃性的同时赋予图稿些许趣味性，这样也能增强无人机的亲切感。

设计说明位于图稿的右上方，寥寥几句便将无人机的使用和设计阐述得明明白白，同时设计说明左侧配上山和森林的线稿图，以场景的形式再一次加深了公众对无人机使用范围的认知。

图 5-67　智能救援无人机（黄慧婷）

文字底部色块分两
个层次表现，衬托
得文字更清晰。

故事板的角色形象
清晰，将设计思路
通过推理的形式表
现出来，标题与叙
述文字分层次表
示。

显示外屏采用灰色表
现过渡渐变效果，将
产品的中轴线绘制出
来，能表现出产品的
体积感。

将产品的使用方
式通过多角度视
图表现出来，色
彩对比比较弱，衬
托产品主体。

多图展示产品显示
画面，表达出丰富的
使用动态效果，并配
合故事场景来提升
画面的生动效果。

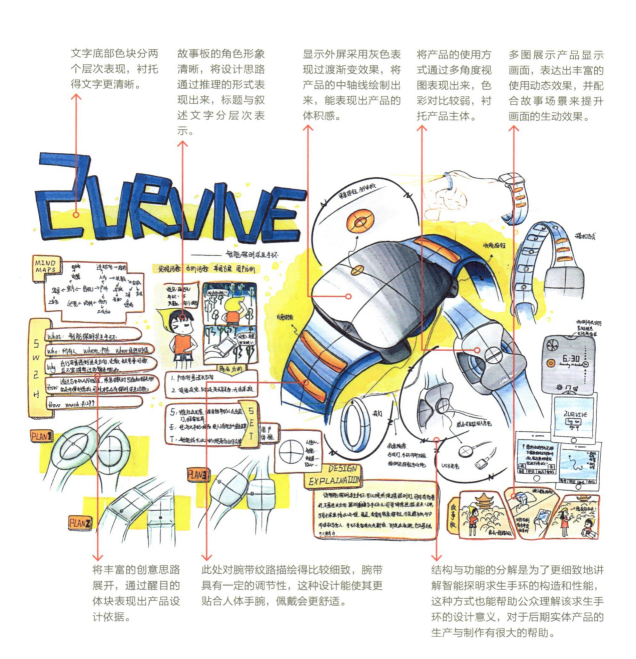

将丰富的创意思路
展开，通过醒目的
体块表现出产品设
计依据。

此处对腕带纹路描绘得比较细致，腕带
具有一定的调节性，这种设计能使其更
贴合人体手腕，佩戴会更舒适。

结构与功能的分解是为了更细致地讲
解智能探明求生手环的构造和性能，
这种方式也能帮助公众理解该求生手
环的设计意义，对于后期实体产品的
生产与制作有很大的帮助。

图 5-68　智能探明求生手环

统一面孔的人物形象让观众将视觉中心转移到产品上，人物面部墨镜能体现盲人特征。

思维过程与设计要求通过整齐的外框装饰，具有很强的次序感。

三种设计方案经过不断优化后推理而成，形成较成熟的设计定稿。

在过渡区表现出较细致的线条，体现出产品材质的精致。

背景体块为橙色，笔触紧凑细腻，呈现出强烈的体块感，能衬托出产品主体。

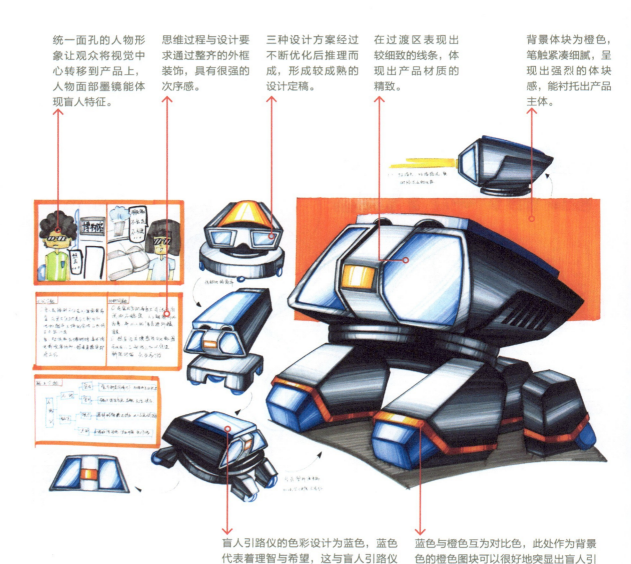

盲人引路仪的色彩设计为蓝色，蓝色代表着理智与希望，这与盲人引路仪所要表达的设计理念不谋而合。盲人引路仪在设计时会更注重人性化和智能化，期望在给盲人提供力所能及的帮助的同时，也能愉悦他们的身心。

蓝色与橙色互为对比色，此处作为背景色的橙色图块可以很好地突显出盲人引路仪的轮廓。此外，引路仪机身上蓝色的比例与橙色的比例也比较适宜，作为点缀色的橙色也能够提亮该盲人引路仪的色泽感。

图 5-69　盲人引路仪

黑色衬托橙色文字，具有醒目的视觉效果，文字表面采用白色涂改液点亮高光，呈现出强烈的体积感。

对基础设计概念的分析深入透彻，分为多个模块整齐排列，对主要模块的标题放大表现。

亮部色彩饱和度高，采用黄色与橙色交替叠加并形成缓和的过渡效果，让柔和的受光面呈现出细腻的质感。

显示屏的光影对比形态采取对角线形式，适当用涂改液强化高光。

绿色是橙色的辅助色，能整体提高产品的饱和度，具有强烈的醒目标识功能，符合产品定位。

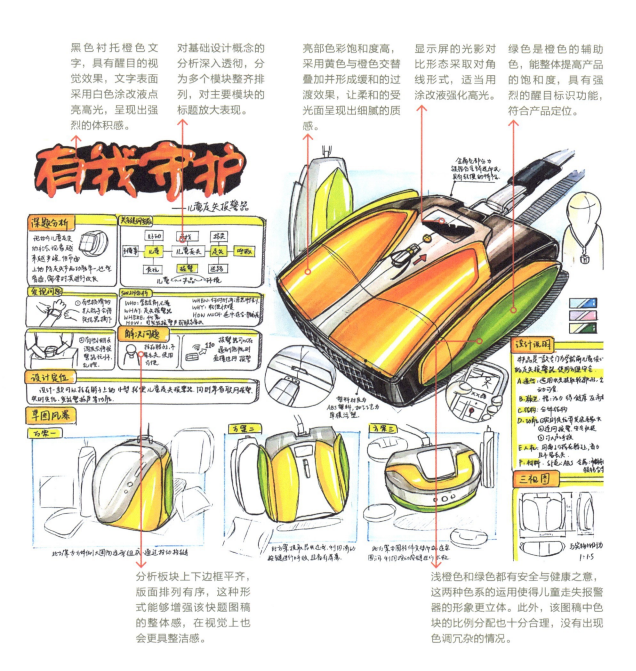

分析板块上下边框平齐，版面排列有序，这种形式能够增强该快题图稿的整体感，在视觉上也会更具整洁感。

浅橙色和绿色都有安全与健康之意，这两种色系的运用使得儿童走失报警器的形象更立体。此外，该图稿中色块的比例分配也十分合理，没有出现色调冗杂的情况。

图 5-70　儿童走失报警器

根据产品特征设计角色形象，作为标题文字的辅助支撑。

图面内容比较丰富，可以不对辅图着色，但是要把控好辅图中的粗细线变化。

主体产品采用蓝色与深灰色相搭配，处于受光面的显示屏幕可不着色，表现出非常光亮的视觉效果。

采用气泡图的形式将产品的使用功能特色表现出来，气泡外部轮廓着色不完全封闭，更显得生动自然。

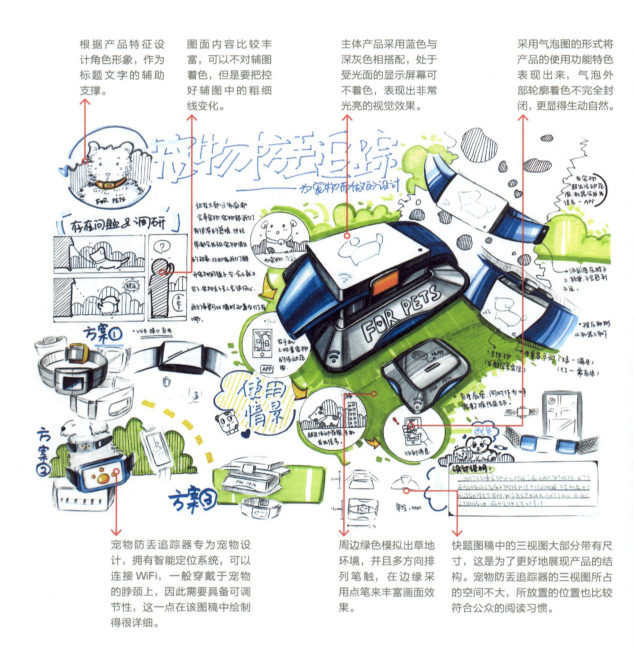

宠物防丢追踪器专为宠物设计，拥有智能定位系统，可以连接 WiFi，一般穿戴于宠物的脖颈上，因此需要具备可调节性，这一点在该图稿中绘制得很详细。

周边绿色模拟出草地环境，并且多方向排列笔触，在边缘采用点笔来丰富画面效果。

快题图稿中的三视图大部分带有尺寸，这是为了更好地展现产品的结构。宠物防丢追踪器的三视图所占的空间不大，所放置的位置也比较符合公众的阅读习惯。

图 5-71　宠物防丢追踪器

132

文字书写工整是作品成功的前提，可以熟练掌握一种字体用于应考。

将图面中的细节元素排列紧凑，能大幅度提升画面层次，让画面具有较高的可读性。

背景颜色选用浅蓝色，接近灭火器的粉末颜色，与产品形成关联。

转角的高光采用白色涂改液，表现出较小的转角效果。

金属的颗粒感主要通过点高光来体现，整体着色后再绘制圆点，形成强烈的肌理质感。

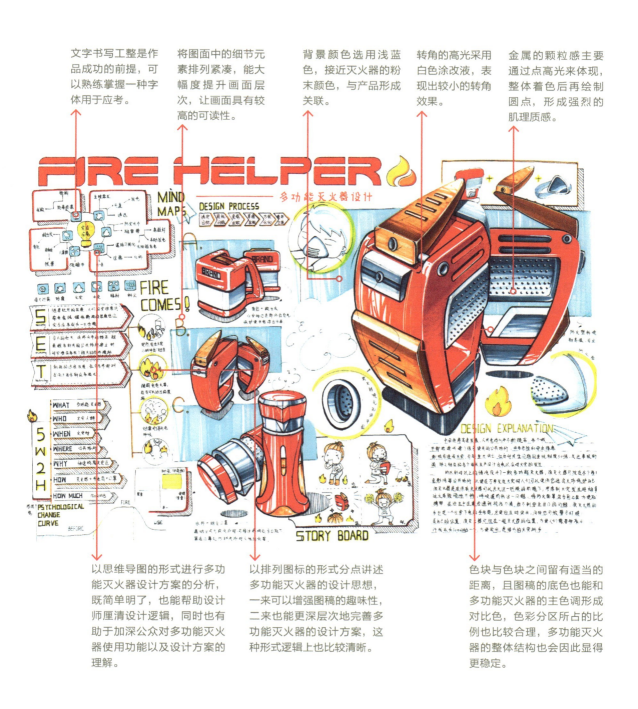

以思维导图的形式进行多功能灭火器设计方案的分析，既简单明了，也能帮助设计师厘清设计逻辑，同时也有助于加深公众对多功能灭火器使用功能以及设计方案的理解。

以排列图标的形式分点讲述多功能灭火器的设计思想，一来可以增强图稿的趣味性，二来也能更深层次地完善多功能灭火器的设计方案，这种形式逻辑上也比较清晰。

色块与色块之间留有适当的距离，且图稿的底色也能和多功能灭火器的主色调形成对比色，色彩分区所占的比例也比较合理，多功能灭火器的整体结构也会因此显得更稳定。

图 5-72　多功能灭火器

参考文献

[1] 舒湘鄂，吴继新. 快题设计 [M]. 杭州：中国美术学院出版社，2006.

[2] 刘涛. 工业产品快题设计与表现 [M]. 沈阳：辽宁科学技术出版社，2011.

[3] 谭红子，刘珊. 工业设计制图 [M]. 北京：北京大学出版社，2020.

[4] 江南. 产品快速表现 [M]. 杭州：浙江人民美术出版社，2014.

[5] 卜立言，卜一丁，张娜. 产品设计：30 分钟快速表现 [M]. 上海：上海人民美术出版社，2015.

[6] 突围设计考研. 工业设计考研快题高分攻略 [M]. 南京：江苏科学技术出版社，2019.

[7] 俞伟江. 产品设计快速表现技法 [M]. 福州：福建美术出版社，2004.

[8] 林璐，李南，于默. 快题设计——工业设计创意与表达 [M]. 北京：高等教育出版社，2009.

[9] 王庆斌，绘友工作室. 工业设计考研手绘快题表达攻关宝典 [M]. 南京：江苏凤凰美术出版社，2015.

[10] 高瞩. 工业产品形态创新设计与评价方法 [M]. 北京：清华大学出版社，2018.

[11] 崔因，刘家兴，朱琳. 产品设计手绘技法快速入门：从 0 到 1 的蜕变 [M]. 北京：化学工业出版社，2019.

[12] 李娟，周波，朱意灏. 工业设计快题与表现 [M]. 北京：中国建筑工业出版社，2005.

[13] 马赛. 工业产品：手绘与创新设计表达 [M]. 北京：人民邮电出版社，2020.